世界国防科技年度发展报告（2017）

试验鉴定领域发展报告

SHI YAN JIAN DING LING YU FA ZHAN BAO GAO

军事科学院军事科学信息研究中心

国防工业出版社

·北京·

图书在版编目（CIP）数据

试验鉴定领域发展报告/军事科学院军事科学信息研究中心编．—北京：国防工业出版社，2018.4
（世界国防科技年度发展报告．2017）
ISBN 978-7-118-11619-9

Ⅰ.①试⋯　Ⅱ.①军⋯　Ⅲ.①武器试验—鉴定试验—科技发展—研究报告—世界—2017　Ⅳ.①TJ01

中国版本图书馆 CIP 数据核字（2018）第 101760 号

试验鉴定领域发展报告

编　　者　军事科学院军事科学信息研究中心
责任编辑　汪淳　王鑫
出版发行　国防工业出版社
地　　址　北京市海淀区紫竹院南路 23 号　100048
印　　刷　北京龙世杰印刷有限公司
开　　本　710×1000　1/16
印　　张　18½
字　　数　217 千字
版 印 次　2018 年 4 月第 1 版第 1 次印刷
定　　价　109.00 元

《世界国防科技年度发展报告》
(2017)
编委会

主　　任　刘林山

委　　员（按姓氏笔画排序）

卜爱民　王东根　尹丽波　卢新来
史文洁　吕　彬　朱德成　刘　建
刘秉瑞　杨　新　杨志军　李　晨
李天春　李邦清　李成刚　李向阳
李红军　李杏军　李晓东　李啸龙
肖　琳　肖　愚　吴亚林　吴振锋
何　涛　何文忠　谷满仓　宋朱刚
宋志国　张　龙　张英远　张建民
陈　余　陈　锐　陈永新　陈军文
陈信平　庞国荣　赵士禄　赵武文
赵相安　赵晓虎　胡仕友　胡明春
胡跃虎　原　普　柴小丽　高　原
景永奇　熊新平　潘启龙　戴全辉

《试验鉴定领域发展报告》

编 辑 部

主　　编　杨俊岭
副 主 编　唐　荣

编　　辑（按姓氏笔画排序）

杨俊岭　郑晓娜　高　倩　唐　荣

《试验鉴定领域发展报告》

审稿人员（按姓氏笔画排序）

刘映国　李加祥　李向阳　李杏军
杨俊岭　唐　荣　曹金霞

撰稿人员（按姓氏笔画排序）

王　萍　王长青　王积鹏　毛　凯
任惠民　刘宏亮　刘映国　杨俊岭
吴　浩　何　磊　张天姣　张宝珍
张灏龙　陈　聪　欧　渊　郑晓娜
赵　滟　胡　壮　贺荣国　钱炜祺
徐熙阳　高　晗　唐　荣　唐志共
曹金霞　鲁培耿　廖小刚　廖孟豪

编写说明

当前，世界新一轮科技革命和军事革命加速推进，科技创新正成为重塑世界格局、创造人类未来的主导力量，以人工智能、大数据、云计算、网络信息、生物交叉，以及新材料、新能源等为代表的前沿科技迅猛发展，为军队战斗力带来巨大增值空间。因此，军事强国都高度重视战略前沿技术和基础科技的布局、投入和研发，以期通过发展先进科学技术来赢得未来军事斗争的战略主动权。为帮助对国防科技感兴趣的广大读者全面、深入了解世界国防科技发展的最新动向，我们秉承开放、协同、融合、共享的理念，组织国内科技信息研究机构的有关力量，围绕主要国家国防科技综合发展和重点领域发展态势开展密切跟踪和分析，并在此基础上共同编撰了《世界国防科技年度发展报告》(2017)。

《世界国防科技年度发展报告》(2017)由综合动向分析、重要专题分析和附录三部分构成。旨在通过持续跟踪研究世界国防科技各领域发展态势，深入分析国防科技发展重大热点问题，形成一批具有参考使用价值的研究成果，希冀能为实现创新超越提供有力的科技信息支撑，发挥"服务创新、支撑管理、引领发展"的积极作用。

由于编写时间仓促，且受信息来源、研究经验和编写能力所限，疏漏和不当之处在所难免，敬请广大读者批评指正。

军事科学院军事科学信息研究中心
2018 年 4 月

前　言

为系统梳理领域发展脉络，积累基本情况，打牢研究基础，使试验鉴定管理人员、从业人员和学习人员能够及时、准确、系统、全面地掌握试验鉴定领域发展动态，我们对以美军为典型代表的外军试验鉴定、靶场建设和资源管理等情况进行了全面跟踪研究与分析整理，编写了本书，供领导和同志们参阅。

本书包括综合动向分析、重要专题分析和附录三部分内容。其中，综合动向分析主要对 2017 年以来外军在顶层监管、深化认识、网络安全试验、体系试验鉴定能力建设等方面所做的工作进行了系统梳理和分析研究；重要专题分析部分包括 20 篇研究报告，对外军研制试验鉴定、作战试验鉴定、试验资源与条件建设、试验管理与发展以及网络安全与建模仿真等方向上的试验鉴定问题进行了专题研究；附录包含了 2017 年各国在试验鉴定领域的发展动态。

尽管编写组作了努力，但由于时间紧张，同时受资料来源、分析研究能力所限，错误和疏漏之处在所难免，敬请批评指正。

编者

2018 年 3 月

目　录

综合动向分析

2017 年试验鉴定领域发展综述 …………………………………… 3
2017 年美国陆军试验鉴定发展综述 ……………………………… 26
2017 年美国海军试验鉴定发展综述 ……………………………… 40
2017 年美国空军试验鉴定发展综述 ……………………………… 52
2017 年美国导弹防御系统试验鉴定发展综述 …………………… 67

重要专题分析

世界武器装备试验鉴定历史演变研究 …………………………… 79
世界武器装备试验鉴定发展趋势分析 …………………………… 98
一体化试验鉴定在美军飞行武器研制中的应用 ………………… 110
美军一体化试验鉴定模式及其启示 ……………………………… 126
美国海军作战试验特点分析 ……………………………………… 139
美国高超声速试验技术发展现状综述 …………………………… 148
美军 RMS 试验鉴定技术应用及发展 ……………………………… 156
美军逻辑靶场发展及启示 ………………………………………… 169
美军加强试验资源建设的主要举措 ……………………………… 179

美军靶场毁伤效应试验与评估综述 …………………………………… 184
美国国家网络靶场建设最新进展 ……………………………………… 191
美军网络安全试验鉴定阶段及内容要求 ……………………………… 197
美军基于建模仿真的试验鉴定评估发展现状与启示 ………………… 220
武器装备试验与鉴定的未来——分布式试验 ………………………… 226
"猎鹰"9火箭2017年发射任务初步分析 …………………………… 242

附录

2017年试验鉴定领域大事记 …………………………………………… 253

ZONG HE

DONG XIANG FEN XI

综合动向分析

2017 年试验鉴定领域发展综述

试验鉴定贯穿于军事技术与装备发展的全寿命过程，是检验考核装备能否满足作战使用要求的国家最高检验行为。纵观世界，凡世界军事强国、军事大国，往往都高度重视试验鉴定在军事技术发展和武器装备建设过程中的重要地位。2017 年，以美军为代表的世界军事强国加快作战试验鉴定发展，推进采办管理改革，提升研制试验鉴定的作战真实性，加大先进军事技术与武器装备的试验鉴定工作，推进军事技术与武器装备作战能力的有效生成。

一、持续加强试验鉴定作战真实性

2017 年 1 月，美国国防部作战试验鉴定局发布了《作战试验鉴定局 2016 财年年度报告》（以下简称《报告》），详细介绍了美国国防部和军种武器装备作战试验项目情况、实弹射击试验鉴定项目情况、网络安全相关情况以及试验资源建设情况等内容，概要总结了作战试验鉴定局开展的重点工作及取得的进展，对全面了解美军近年来作战试验鉴定工作发展具有重要参考意义。

（一）总结经验，确保作战试验鉴定科学有效

作战试验鉴定局修订了《试验鉴定主计划指南》等有关文件，通过严谨的试验设计、独立的监管和客观的分析为国防部采办系统提供高效服务，阐述了作战试验鉴定对于武器装备快速部署的支持以及作战试验鉴定的具体做法。

一是支持快速部署。针对战场急需的作战装备，作战试验鉴定局及时提供早期部署报告，帮助作战人员熟悉装备性能。自2009年以来，已向国会提交了20余份关于自防御导弹、近海战斗舰等关键作战系统的早期部署报告。

二是明确需求指标，强化"实验设计"。作战试验鉴定局要求尽早明确项目需求，合理确定需要试验的指标，并针对所有项目的指标统筹安排所需试验资源，从而避免将资源浪费在无法达到的指标上。持续完善适用于作战试验的统计方法，提高武器装备性能分析的准确性和真实性，确保试验的充分性，保证作战试验能有效评估武器装备作战能力。作战试验鉴定局自2009年开始强调"实验设计"在作战试验鉴定中的应用，旨在提高武器装备性能分析的准确性和真实性。

三是适时开展作战试验，尽早发现问题。强调科学评估项目所处状态，以确定其是否具备开展作战试验的条件；在发现当前情况不适合开展作战试验时，及时叫停作战试验，并建议利用现有资源进行作战评估或部分功能的改进等。作战试验鉴定局致力于开展真实环境下的试验，以及早发现问题，辅助采办决策；为避免继续研制费用高昂且又不能交付军事使用的项目，作战试验鉴定局要求所有项目在里程碑C生产决策前进行作战评估。

此外，作战试验鉴定局还在制定高效计划、改善人装结合、提高装备可靠性、建模与仿真以及网络安全等方面开展了诸多工作，取得了显著成效。

（二）依法履职，发挥作战试验鉴定监管作用

作战试验鉴定局2016财年监管了316项采办项目，包括30个重大自动化信息系统；监管了132项实弹射击采办项目；批准了37份《试验鉴定主计划》、89份《作战试验计划》和1份《实弹射击试验鉴定策略》，废除了1份批准的《后续作战试验鉴定试验计划》，未批准2份《试验鉴定主计划》和1份《作战试验计划》；向国会和国防部提交了23份报告，向国防部利益相关者提供了51份非国会报告。

作战试验鉴定局针对监管列表中的74个项目实施了83次作战试验。其中，约70%的作战试验发现系统存在影响其效能、适用性和生存能力的重大问题，超过35%的作战试验发现了试验前未发现的重大问题。此外，在作战效能、适用性和生存能力3个方面识别出的179个重大问题中，超过70%的问题是在作战试验前发现的，其余的问题是在作战试验过程中发现的。而在试验过程中发现的问题，又有超过70%应在研制试验阶段就发现。

（三）解决问题，保障作战试验鉴定稳定持久

一是优化专业结构，确保试验鉴定人才支撑。真实而严格的作战试验需要大量熟练专业人员，同时作战试验机构人员具有科学和分析专业背景尤为关键，因此，作战试验鉴定局建议每个作战试验机构：①增加具有"科学、技术、工程和数学"背景的文职雇员数量；②至少拥有一名在统计学、作战研究或系统工程领域有较高学历的领域专家；③继续补充具有作战经验的军官。当前，美军作战试验机构的文职和军职人员约各占一半。文职人员中的2%具有博士学位，35%具有硕士学位，36%具有学士学位。

二是强化资源建设，保障试验任务顺利完成。试验资源是保证武器装备充分进行试验鉴定的基础,尤其是开展作战试验鉴定的作战环境,不应由预算环境决定,而应该由作战计划和所面临的威胁决定。作战试验鉴定局通过监督审查国防部和军种的战略规划、投资项目和资源管理决策,以确保试验资源的投资建设,维护必要的作战试验能力。通过评估美军作战试验资源,作战试验鉴定局强调应加强几个方面的试验资源建设:网络安全"红军"及能力缺陷、空间系统作战试验鉴定威胁、高海拔电磁脉冲试验能力、电子战试验资源改进、第五代航空靶标、自防御试验舰等。

此外,作战试验鉴定局还重点关注了武器装备可靠性和网络安全作战试验问题。可靠性是评估武器装备作战适用性的重要参数,也一直是美军高度关注的问题,利用可靠性增长曲线来监控系统可靠性已成为美军惯例。作战试验鉴定局在《试验鉴定主计划》中增加了"可靠性增长"内容,强调可靠性在评估装备作战适用性中的重要作用。2015年国防部新版5000.02指示,要求项目必须采用可靠性增长规划,不断评估其可靠性增长情况,使武器装备在初始作战试验鉴定中达标,多数项目成功将可靠性增长写入合同,并将可靠性阈值作为关键性能参数。尽管持续强调可靠性的重要性,但部分系统在作战试验中仍显示出较低的可靠性。

当前,网络安全作战试验已成为影响美军武器装备作战效能、适用性和生存能力的重要试验。作战试验鉴定局将网络安全评估作为作战试验鉴定的一部分,评估系统在预期作战环境中面对真实网络安全威胁情况下完成任务的能力。为了规范网络安全作战试验鉴定工作,作战试验鉴定局发布新版《采办项目网络安全作战试验鉴定程序》,要求作战试验必须检验系统面对真实网络威胁的能力。考虑到网络安全和保密因素,作战试验鉴定局建议充分运用仿真能力、形成封闭环境和建设网络靶场以模拟真实的网络攻击,使用网络靶场或实验室开展对抗性网络安全作战试验。近年来,美军通过整合国家网络靶场、国防部网络安全靶场、联合信息战靶场以及联合参谋部 J-6 部门（负责通信和计算机）的指挥、控制、通信与计算机评估分部，形成了"国防部企业级网络靶场环境"。随着网络安全新威胁的持续快速演变，以及新型防护能力的陆续部署，其网络安全评估能力不断提升，但仍有许多关键领域在网络安全试验鉴定方面存在能力滞后问题。为此，作战试验鉴定局于 2016 年 7 月向美军所有作战试验鉴定机构发布《网络安全作战试验鉴定重点与改进》备忘录，旨在指导各作战试验鉴定机构加强关键领域的网络安全试验手段与技术开发，以应对潜在威胁的持续变化。

二、注重研制试验基础工作的监管

美国国防部负责研制试验鉴定的代理助理国防部长帮办于 2017 年 3 月签发《2016 财年研制试验鉴定年度报告》（下文简称《报告》）。全面总结了美军年度研制试验鉴定和试验资源管理的重点工作，综合评估了国防部各部门的研制试验鉴定报告，并对 40 个采办项目的研制试验鉴定工作进行了重点审查。

（一）全面总结研制试验鉴定重点工作

美军重点关注了研制鉴定框架、可靠性试验鉴定、网络安全试验鉴定、互操作性试验鉴定等领域的研制试验鉴定工作。

一是实施研制鉴定框架，加强大数据/知识管理。2016 财年，研制鉴定框架核心小组参与了 35 个采办项目，为制定研制试验鉴定计划、评估系统性能提供了有力支持。为了进一步指导项目主任和试验鉴定参与者的工作，研制试验鉴定办公室为下一版《国防采办指南》编写了研制鉴定框架的内容。同时，研制试验鉴定办公室重点推进了知识管理能力的改进，并引入大数据分析方法，对海量的试验数据进行快速、全面地分析。这项工作由"中央试验鉴定投资计划"牵头，旨在通过综合利用商业机构和政府部门开发的工作、技术和经验，加速系统的研制、试验与部署。作为概念验证项目，"联合攻击机知识管理的联合改进与现代化"项目主要是用于确定知识管理能力和大数据工具如何通过分析不同试验场所的不同类型飞行试验数据，来发现趋势、缺陷和未知问题，从而为大型采办项目提供支持。"持续试验鉴定作战数据分析的联合改进与现代化"项目主要用于统一和分析不同试验领域的海量数据集，以诊断并呈现复杂趋势和未知问题。目前，这两个项目通过早期确认问题和避免重新试验，节省了试验成本。

二是改进可靠性试验鉴定，积极推进互操作性试验鉴定。研制试验鉴定办公室强调早期开展研制试验鉴定，评估可靠性计划的风险和影响，其核心是确保项目办公室制定一份包含可靠性增长曲线的可靠性增长计划，从而为生成各种关键决策提供支持。2016财年，研制试验鉴定办公室发布了一份备忘录，指导项目办公室工作以改进可靠性试验鉴定活动。研制试验鉴定办公室还为国防采办大学的试验鉴定课程提供信息，完善了可靠性试验鉴定方面的内容。同时，研制试验鉴定办公室继续编写、细化并倡议互操作性研制试验鉴定指南。该指南要求在项目全寿命周期尽早规划并开展互操作性研制试验，并从一开始就将其纳入整个研制试验鉴定策略中，从而为系统工程人员提供反馈信息，对系统进行更有效的修改。指南强调，在规划和执行研制试验鉴定时，一定要考虑联合互操作性试验司令部的需求，使其能够在初始作战试验鉴定中使用试验数据开展互操作性验证。

三是加速网络安全试验鉴定，完善自主系统试验鉴定。2017年1月，美军发布了一份关于网络安全的指示备忘录，研制试验鉴定办公室为备忘录的制定提供了支持和帮助。该办公室还与联合参谋部、负责系统工程的助理国防部长帮办以及国防部首席信息官等多方共同制定了一份指南，用以指导需求方确定系统的网络可生存性内容。此外，研制试验鉴定办公室还鼓励采办项目开展聚焦网络安全的试验活动，如"桌面演习"，以确定需要关注网络安全研制试验鉴定的项目领域。随着武器系统越来越多地使用自主技术，试验鉴定技术与方法需要不断适应这一变化，帮助国防部采办和使用的系统能发挥预期作用。研制试验鉴定办公室认为，确保武器系统满足所有可能的需求，将超出传统试验鉴定方法的能力范畴，并导致成本增加。因此，需要综合使用建模仿真方法，通过开发大量试验案例，根据所需标准对系统性能进行统计测试；之后，对系统进行一系列实测，确保仿真数据和实测数据能够与预测的性能相匹配。2016 财年，研制试验鉴定办公室针对自主系统试验鉴定授出两项研究合同：一项是解决先进综合能力试验问题，实现感知、认识、决策和执行四个领域的自主功能；另一项是解决试验鉴定基础设施差距，同时制定一项投资计划。

（二）综合评估各军兵种部门试验报告

作为年度报告的重要输入，美国陆军、海军、空军、国防信息系统局和导弹防御局分别向研制试验鉴定办公室提交了自评报告，提供了试验鉴定的早期采办活动介入、试验鉴定规划与执行以及试验鉴定人员等方面的相关进展，还提供了所有试验鉴定人员类别的具体组成，并回应了 2015 财年年度报告所关注的领域问题。经过综合评估，研制试验鉴定办公室认为，各部门的试验鉴定组织机构及能力足够支持相关研制试验鉴定活动的完成。

陆军方面。美国陆军试验鉴定司令部作为陆军研制试验的牵头机构，负责评估了陆军内部政策与程序，确保整个机构的体系、架构和人员都能满足陆军的采办需求；确保陆军领导层能够了解并掌握数据需求和鉴定策略，从而支持陆军需求监督委员会的工作；通过支持陆军系统、多军种系统和联合系统的各项工作，如制定装备发展决策、替代方案分析研究、制定关键作战问题标准等，从而在试验鉴定早期规划中发挥关键作用；制定系统鉴定计划，确认并记录采办各里程碑所需要的数据信息，为《试验鉴定主计划》提供重要输入。此外，为了提高生物研究安全性，陆军将西部沙漠试验中心生命科学分部的隶属关系，从陆军试验鉴定中心转到陆军研究、发展与工程司令部下属的埃奇伍德州生化中心。同时，指定"仪器、靶标和威胁模拟器"项目的项目主任负责对网络试验的蓝方进行监管，该项目主任下设新机构——网络弹性与训练项目主管。

海军方面。美国海军对其试验鉴定人员、设施、程序和实践进行了评估，认为其拥有足够的试验鉴定能力来支持相关活动开展。海上系统司令部通过在早期试验鉴定、互操作性和一体化工程、基于任务的试验和网络安全试验鉴定等关键领域实施工程与试验鉴定能力，将项目执行办公室和项目管理办公室的试验鉴定支持活动统一起来；航空系统司令部在"真实、虚拟、构造的"试验环境、网络安全试验鉴定、一体化作战、基于能力的试验鉴定和自主系统试验鉴定中增加了研制试验，并拓宽了其试验鉴定学院的课程内容，增加了招生数量，为上述任务培养人才；海军陆战队系统司令部研制试验鉴定分部在实现全面作战能力后，成功运行一年，重点关注研制试验鉴定能力的关键专业技术构建与发展；航天与海上作战系统司令部为网络安全研制试验鉴定人员队伍的发展提供了重要支持，明确了所需知识、技能和能力，为国防部8510.01指示"国防部信息技术风险管理框架"和"国防部网络安全试验鉴定指南"提供了重要输入。

空军方面。美国空军试验鉴定部门通过改进其内部程序、完善组织体制，将预算紧缩、人员缩减以及未来各种不确定性对研制试验鉴定工作的影响降到最低；推动网络安全试验的发展成熟，解决所需人才的招募与保留、相关指南的全面制定以及对抗试验能力的建设等问题；鼓励人员参与试验鉴定关键领导岗位认证，通过可行途径满足首席研制试验官的岗位数量需求等。

（三）重点审查国防部监管采办项目

研制试验鉴定办公室 2016 财年对 40 个项目（包括重大国防采办项目、重大自动化信息系统项目以及负责采办、技术与后勤的国防部副部长指定的特别关注项目）的研制试验鉴定情况进行了重点审查。这些项目或已达到重要里程碑，或已开展重大的研制试验鉴定活动，如完成项目评审、首次试飞、系统集成实验室试验和地面试验或政府研制试验鉴定等。其中，8 个国防部项目，包括弹道导弹防御系统、F－35、联合轻型战术车辆等；10 个陆军项目，包括陆军一体化防空反导系统、间接火力防护能力"增量 2"—拦截、联合空地导弹等；11 个海军项目，包括"福特"级核动力航空母舰、"哥伦比亚"级潜艇、"三叉戟"Ⅱ延寿等；11 个空军项目，包括空天作战中心武器系统"增量 10.2"、小直径炸弹"增量 2"、F－22"增量 3.2B"现代化改造等。

（四）推动试验资源管理重点工作开展

试验资源管理中心 2016 财年对国防部试验鉴定资源评估与战略规划进行了有效的监督和指导，主要工作包括审查《试验鉴定主计划》，制定试验鉴定战略路线图，研究试验鉴定基础设施，管理"中央试验鉴定投资计划""试验鉴定科学技术计划"和"联合任务环境试验能力计划"等；对 13 份《试验鉴定主计划》进行了审查，评估了其中试验鉴定资源的充分性。同时，首次将路线图和试验能力评估纳入《国防部试验资源战略规划》，阐述了关键领域的试验能力提高计划，包括网络空间试验鉴定基础设施路线图、试验鉴定射频频谱通用作战图和电子战试验鉴定基础设施改进路线图等。2016 年 3 月 8 日，试验资源管理中心主任被指定为网络试验靶场的执行代理，负责相关的体系、标准与投资等事项，并监管指定的网络安全试验基础设施。根据2013财年《国防授权法案》要求，科学与技术政策办公室联合国家航空航天局完成一项有关国家试验鉴定基础设施的研究，旨在促进高超声速技术的成熟，为近期和远期的防御系统研制奠定基础。此项研究中，试验资源管理中心负责牵头国防部报告的撰写，并提出2030年前的需求规划与投资建议。并且，试验资源管理中心将负责的报告提交至相关国会委员会，并成功申请到3.5亿美元的投资来研制一套用于高超声速武器系统研发的基础设施。

"试验鉴定科学技术计划"开展了多项关键试验技术研究，包括鱼雷性能试验、红外系统试验、中子稠密等离子体聚焦和弹头试验实弹射击测量等新技术；"中央试验鉴定投资计划"完成了15个项目的投资，另有46个项目投资正在进行；"联合任务环境试验能力计划"取得了多项成果，如将分布式基础设施数量扩展至115处，在互操作性和网络安全试验领域支持了70项分布式"真实、虚拟、构造的"活动等。

三、改组国防部试验鉴定监管机制

2017年8月1日，美国国防部向国会提交了《重组国防部采办、技术与后勤及首席管理官组织机构》报告，详细阐述了国防部组织机构调整重组方案。该报告是落实《2017财年国防授权法》的有关改革要求，经国防部系统论证后提出的。报告指出，国防部将拆分负责采办、技术与后勤的国防部副部长职能，分设负责研究与工程的国防部副部长和负责采办与保障的副国防部副部长，并设立独立的国防部首席管理官。其中，美军研制试验鉴定与试验资源监管职责转由负责研究与工程的国防部副部长承担。新体制将于 2018 年 2 月 1 日正式运行。美国国防部此次组织机构调整，系统总结了过去 30 年国防部运行的经验与教训，紧密结合"第三次抵消战略"思路与总体要求，强力推进科技创新与管理创新，推动美军联合作战能力的提升。

（一）研制试验鉴定监管工作将不再由负责采办、技术与后勤的国防部副部长承担

在美军原有的国防部试验鉴定顶层监管制度下，国防部作战试验鉴定局负责全军作战试验监管工作，负责采办、技术与后勤的国防部副部长负责研制试验鉴定与试验资源建设的监管工作。此次改革到位后，研制试验鉴定和试验资源监管工作将由新设的负责研究与工程国防部副部长承担，负责采办与保障的国防部副部长只负责试验鉴定结果的使用，对于试验鉴定的规划与审批工作将不再负责监管。

（二）凸显美军通过科技创新与管理创新持续推进发展

美国国防部设立负责研究与工程的国防部副部长以加强国防科技创新，并设置独立的国防部首席管理官推动军队管理创新，高度契合美国国防部 2014 年提出的以"创新驱动"为主题的"第三次抵消战略"基本思路与总体要求，体现了美军将技术创新与管理创新作为新时期提升联合作战能力的基本抓手。

（三）进一步优化国防部采办体系与科研管理体系运行

自 20 世纪 80 年代中期起，美军构建了集中统管的国防采办体系，逐步形成负责采办、技术与后勤的国防部副部长统管预先研究、技术开发、工程研制、装备采购和维修保障的管理格局。国会在系统评估后指出，这一体制虽在过去数十年中发挥了重要作用，但权力集中导致的管理不透明、监管难度大等问题日益凸显，且在该体系下国防科技创新体系的地位相对弱势，无法适应新时期技术创新发展需求。此外，报告指出，虽然美军的

研究工程与采办保障工作长期以来一直统一纳入负责采办、技术与后勤的国防部副部长统管，但两方面工作存在较大差异。前者鼓励冒险以推动技术的创新发展，对失败的容许度更高，而后者则需按时交付经济可承受的装备与产品以及相关的保障与服务，强调对风险的降低及可靠性的增加。从这个视角来看，拆分负责采办、技术与后勤的国防部副部长职能，分设负责研究与工程的国防部副部长和负责采办与保障的国防部副部长，有助于进一步优化和理顺采办体系与科研管理体系的关系，保证相关工作的顺利开展。

四、战略防御系统试验取得新里程碑进展

2017年5月30日，美国导弹防御局联合空军第30航天联队、一体化导弹防御联合职能司令部和北方司令部完成洲际弹道导弹（ICBM）靶弹拦截试验。这是美国首次使用地基中段防御（GMD）系统拦截洲际弹道导弹靶弹。此次试验对美国本土防御具有重要意义，是美国发展地基中段防御系统的重要里程碑。

（一）进一步增强 GMD 计划发展信心

自1992年美国正式启动 GMD 系统研制至今已有20多年，GMD 系统的发展经历了漫长的过程。由于 GMD 系统在技术发展中受国家政策的影响，采用"先部署后试验"的采办策略，造成系统拦截试验成功率远低于其他系统，作战效能受到多方面质疑。特别是2010年1月和12月进行的"能力增强Ⅱ"（CE－Ⅱ）地基拦截弹（GBI）拦截试验相继失败，对 GMD 计划发展产生了极大影响，美国国防部决定暂停 CE－Ⅱ型 GBI 的交付工作。为了提升 GMD 系统的可靠性，美国政府问责局要求导弹防御局沿用"先试验后部署"的采办策略。2016年1月，美国导弹防御局进行了 CTV－02＋非

拦截飞行试验,为 CE-Ⅱ Block 1 型 GBI 验证了先进的替代轨控发动机,也为 FTG-15 试验成功奠定了基础。此次 CE-Ⅱ Block 1 型 GBI 拦截试验首试成功,为美国 GMD 计划的后续发展增强了信心。

(二) 为美国按计划实现扩容部署提供了时间保证

为确保自身安全,美国把国土导弹防御作为国家战略长远规划、分阶段持续推进。在积极研发 GMD 系统的同时,着力通过试验验证发现并解决系统存在的问题,通过研发新型远程识别雷达、实现传感器融合以提升拦截弹中段目标识别能力;同时通过增加 GBI 部署数量,进一步提升国土防御能力。目前,距 2017 年底的最后期限尚有 8 枚 CE-Ⅱ Block 1 型 GBI 未进行部署。如果此次试验失败,美国国防部要么继续采用"先部署后试验"的采办策略,使 GMD 系统处于高风险状态,要么就不能实现如期部署 44 枚 GBI 的目标。因此,此次试验的成功,为美国按计划实现扩容部署提供了时间保证。

(三) 为美国进行更复杂的综合性拦截试验奠定了基础

通常情况下,一种反导系统只能拦截一定射程、一定飞行高度的弹道导弹或巡航导弹。为了加强区域防御能力验证,美国国防部于 2012 年 10 月和 2013 年 9 月进行了两次规模较大的综合性拦截试验,验证了区域防御的能力。为进一步加强国土防御和区域防御能力,美国国防部原计划在 2013 年和 2015 年进行两次 GMD 系统参与的综合性拦截试验,以验证各反导单元在反导体系中的协同作战能力,这既是一体化联合反导作战的必然要求,也是反导体系形成能力的必经之路。然而,由于 GMD 系统屡屡受挫,这种综合性国土防御能力的综合拦截试验被迫推迟。FTG-15 拦截试验的成功进行,对 GMD 系统来说是一个里程碑事件,它不仅首次成功拦截 ICBM 靶弹,验证了拦截洲际弹道导弹的有效性,而且为 GMD 系统新一轮综合拦截试验奠定了基础。根据美国导弹防御局计划,将在 2018 年和 2021 年的 FTG-11 和 FTO-04 试验中,分别进行"二拦一"和"二拦二"拦截试验,进一步验证更大规模的国土防御和区域防御能力。

五、加快无人系统试验鉴定进程

(一) 无人系统越来越接近实战化考核

美国陆军开发出新技术以保护无人机免遭敌方攻击。美国陆军与 Textron 公司合作开展了"过时的软件和硬件"项目,通过提高计算机系统的处理能力、采用网络加固技术以及升级软件系统的性能,对控制陆军"影子"无人机和"灰鹰"无人机的"通用地面控制系统"(UGCS)进行改进,从而实现飞行员对无人机的安全控制,使无人机数据传输免遭网络攻击、电子干扰和信息阻断。作为陆军持续改进无人机地面控制能力战略的一部分,该项目将利用现有的"未来机载能力环境"(FACE)软件体系结构,能够在降低成本、兼容新技术、更高效地进行升级的同时,增强网络的安全性。

美国海军 MQ-8C 无人机首次在近海战斗舰上进行飞行试验。美国海军 MQ-8C "火力侦察兵"无人机从位于加利福尼亚海岸的"独立级"近海战斗舰"蒙哥马利"号上起飞,开展第二阶段动态接口试验,再次验证舰上操控 MQ-8C 无人机的稳定性与安全性。在为期两周的试验中,美国海军在飞行包线范围内对 MQ-8C 无人机的适航性和在近海战斗舰上的起降能力进行了测试,验证了 MQ-8C 无人机的起降程序以及无人机与舰船间的互操作性。此次试验推进了 MQ-8C 无人机部署海军近海战斗舰的步伐,也使海军确认 MQ-8C 无人机已达到里程碑 C。

美国海军通过无人水面艇作为通信中继，实现了无人潜航器与岸基站点之间的通信。试验中使用的是一艘无人双体皮划艇及一艘"雷姆斯100"无人潜航器，其中，无人水面艇与位于密西西比州的远程岸基站点通过卫星进行连接。测试在一个蓄水池中进行，试验中，无人潜航器东西向航行，并进行气象测试，与此同时被安全距离外的无人艇自主跟踪，时间持续约半小时。无人潜航器与无人水面艇通过声学调制解调器进行通信，无人水面艇向无人潜航器提供指导更新，并将无人潜航器传感器数据通过卫星链路中继给美国海军气象与海洋学司令部。试验在2017年9月25—29日进行，由海军海洋学办公室联合海军水面战中心卡德洛克分部共同实施。

美军空射无人机"蜂群"朝实战化方向迈进。美国国防部披露，其下属战略能力办公室（SCO）近期完成103架微型无人机"蜂群"空射飞行试验，创下军用无人机"蜂群"最大规模纪录。此次空射无人机"蜂群"飞行试验直接瞄准快速战斗力生成，显示了美军空射无人机"蜂群"正朝实战化方向迈进。"灰山鹑"是由美国麻省理工学院研制的全复合材料、锂电池推进一次性微型无人机，被SCO选中发展为空射微型无人机。自2014年9月首次配装F-16战斗机试投以来不断改进，目前演示的已是第六代产品。演示在加利福尼亚州中国湖试验场进行，3架F/A-18F"超级大黄蜂"战斗机在马赫数0.6的速度下，连续投放103架"灰山鹑"。这些无人机在地面站指挥下，通过机间通信和协同，成功完成地面站设定的4项任务。本次试验显示，美军空射微型无人机"蜂群"朝实战化方向取得实质性进展：一是微型无人机已具备较高技术成熟度和低成本；二是创造性解决了微型无人机装机问题；三是演示了大规模"蜂群"依托云处理协同技术。美军今后将从单机功能拓展和更复杂的"蜂群"演示两个方面，进一步提升空射微型无人机"蜂群"实战化水平。在单机功能拓展方面，由于美军并不打算仅将"灰山鹑"作为诱饵,还将发展并验证适于"灰山鹑"使用的侦察、干扰等有效载荷;在更复杂的"蜂群"演示方面,将着眼高端作战环境进一步扩大演示规模,并解决由军机对"蜂群"进行指挥的问题。在这些问题解决后,美军将在世界上率先获得基于空射微型无人机的"蜂群"作战能力。

(二)有人/无人系统协同试验越来越重要

美国海军验证自主无人僚机概念可行性。美国海军人工智能应用研究中心开展模拟实验,由专业飞行员与"战术作战管理员"系统控制一架无人机实施了编队飞行,验证了无人僚机概念的可行性。人类将为其编入任务目标程序,由无人机自行决定如何完成任务,使用软件系统控制无人机的动作和行为以及与人类飞行员的通信。研究人员还将为无人僚机概念开发无人机自主目标推理能力、先进指挥与控制系统、先进的态势感知工具以及人机协作等能力。

美国海军于 2017 年 4 月 19—28 日,在加利福尼亚州圣迭戈彭德尔顿兵营附近的海滩上,举行了"先进海军技术演习"(ANTX)。此次演习以海军陆战队在复杂海域开展两栖攻击为背景,验证了无人蜂群、自主系统和电子战等关键技术能力,目的是加速这些新型技术能力和先进作战系统的开发。演习主要包括舰到岸机动,两栖火力支援,两栖作战通道开辟,两栖指挥、控制、通信与计算,以及两栖信息战等五项技术能力,重点验证了利用无人系统减少登陆部队人员伤亡、利用移动宽带网络强化两栖作战部队指挥控制的技术能力等,具体就包括无人系统与有人系统协同作战。演习中,无人自主两栖突击车先于有人两栖突击车登陆,实施火力覆盖。有人两栖突击车上岸后,利用移动宽带网络,控制无人两栖突击车实施间瞄火力打击。同时,具备蜂群作战能力的水面无人艇在近海区域游弋,为登陆部队提供火力支援。陆战队员利用平板电脑,通过指控链与其他作战单元实时共享战场态势信息，并控制无人机对敌方目标实施间瞄火力打击。

美国空军与洛克希德·马丁公司联合开展了新一轮有人战机/无人僚机编组关键技术飞行演示验证，重点验证了无人战斗机在复杂作战环境下自主执行对地攻击任务的技术能力，表明美国空军在有人机/无人机协同作战技术研究方面，取得了阶段性进展。美国空军于2015年7月启动的"忠诚僚机"项目，旨在实现有人驾驶作战飞机与无人作战飞机形成长、僚机编组，使后者能自主与长机编队，根据长机指示进行占位机动，领受并自主执行任务。2017年3月开始的本轮飞行演示代号为"海弗—空袭者"Ⅱ，共持续两周，由一架F-16试验机作为无人僚机（仍保留飞行员以确保安全），与洛克希德·马丁公司"臭鼬工厂"一个地面站中的虚拟长机编组。试验主要从作战管理角度，展示了无人僚机在正常情况下自主执行对地攻击的技术能力，以及应对和适应突发情况的自主应变能力。此次飞行验证主要取得三个方面成果：①无人僚机基于任务优先级与可用资源，自主规划并执行了对地打击任务，展现了基于实时动态环境的自适应任务规划与执行能力；②成功演示验证了"开放式任务系统—无人机指挥与控制计划"软件环境，为今后快速集成多种符合"开放式任务系统"标准的任务系统奠定了技术基础；③僚机在执行任务过程中自主响应了不断变化的威胁环境。相关人员为僚机预设了多种意外情况，如失去某种特定类型的打击武器、偏离飞行路径、在任务过程中失去通信联络等，以检验其自主适应条件变化的能力。根据美国空军设想，在未来"反介入/区域拒止"环境中作战时，五代机（F-22、F-35）和发展中的六代机将配备无人僚机，为其提供目标探测、干扰和打击等协助。美国空军计划在2018—2022财年，继续深入开展"忠诚僚机"概念的一系列关键演示验证，其中包括2022财年利用一架实战型无人僚机开展有人机/无人机编组打击飞行演示验证。

（三）新技术试验要求不断提高

美国海军研究实验室测试可堆叠的新版"蝉"式无人机蜂群。美国海军研究实验室一直在研究"近战隐蔽自主无人一次性飞机"，也称"蝉"式无人机。该型无人机由其他飞机在空中携带并投放，利用 GPS 和机翼滑翔到目标地点。该无人机携带 3D 打印微型传感器，可实现批量生产，成本低，可一次使用多架。最新版的无人机投放系统，一次可发射 32 架 MK5"蝉"式无人机。

美国空军研究实验室先进动力技术办公室联合工程推进系统公司、阿诺德工程与发展中心于 2017 年 8 月对未来无人机 Graflight V–8 先进柴油发动机进行了地面试验。在试验期间，研发团队在阿诺德工程与发展中心的 T–11 测试间，对 Graflight V–8 发动机进行了高空模拟飞行试验。通过模拟从海平面到 9144 米不同高度的气流特征，测试了 Graflight V–8 发动机在各种作战飞行条件下的工作状况。此次试验不仅验证了发动机的预期性能，还获得了有关发动机燃油消耗、校准、振动和功率输出等有价值的性能数据。这些数据将为下一步美国空军研究实验室研究人员开展飞行试验（确认发动机的功率并为未来的空军用户验证发动机的工作特性）提供数据支撑。Graflight V–8 发动机作为一款高效、创新的航空柴油发动机，将是替代目前有人/无人机发动机的潜在方案。一旦该发动机通过概念验证阶段的演示验证，将应用于空军多个载人平台。目前，设计人员正在推进 Graflight V–8 发动机的小型化研究，以供当前空军无人机飞行使用。

六、其他国家加快新型武器试验鉴定与靶场建设

（一）俄罗斯

俄罗斯于 2017 年 6 月 16 日进行了未携带核弹头的 53T6 大气层内拦截

弹试射，对其战备状态进行年度测试与评估。此次试验由俄罗斯战略导弹部队和空天部队联合实施。试验中，一枚53T6拦截弹从萨雷沙甘试验靶场发射，随后摧毁指定目标。相关负责人表示，此次试验使用的是俄罗斯A–135反弹道导弹系统，由相控阵雷达、指挥中心、发射装置以及均可携带核弹头的远程51T6和近程53T6拦截弹组成。其中，53T6拦截弹长10米，可携带1万吨当量的核弹头，最大射程80千米，能在弹道飞行轨迹上释放核弹头。

9月12日，俄罗斯战略火箭兵在莫斯科北部的普列谢茨克航天发射中心，试射了一枚井射型RS–24"亚尔斯"固体燃料洲际弹道导弹，导弹配有多个分导弹头。此次发射的目的是检验该型号同批次导弹的可靠性。俄罗斯国防部表示，试验弹头准确命中位于堪察加半岛库拉靶场的指定区域目标，完成了所有任务，达到了试验目的。RS–24"亚尔斯"洲际弹道导弹由莫斯科热力工程研究所研制，是"白杨"–M导弹的升级版，于2010年7月服役。该导弹射程达1.1万千米，可携带3~6枚分导式核弹头，每枚核弹头TNT当量为30万吨，可从移动发射装置和发射井发射。俄罗斯国防部称，到2017年底，战略火箭兵"亚尔斯"导弹的装备率将达到72%。未来，该导弹将成为战略火箭兵的主力武器，并与"萨尔马特"导弹和"白杨"–M导弹一起构成俄三位一体核力量的陆基中坚力量。目前，"亚尔斯"导弹已装备科泽利斯克（卡卢加地区）和塔季谢沃（萨拉托夫地区）导弹团。

（二）欧洲

2017年1月，欧洲导弹集团在法国位于地中海地区的试验靶场，完成"海毒液"轻型反舰导弹的首次研制性试射。试验中，导弹从法国武器装备总署的"海豚"直升机试验台上发射。该项目负责人表示，此次试验测试了导弹的极限性能，验证了导弹设计的成熟度。2010 年 11 月，英、法两国签署《兰开斯特宫条约》。"轻型反舰导弹"项目便是该条约下的一个双边合作项目，旨在研发可装备两国海军直升机、具备"发射后不管"和"人在回路"两种控制模式、能够打击多类型水面目标的轻型反舰导弹。2014 年 3 月，英国国防装备与保障总署将该项目的实施合同授予欧洲导弹集团。"海毒液"轻型反舰导弹重量为 100 千克级，可携带 30 千克级的弹头，射程约 20 千米，计划替换英国研发的"海贼鸥"和法国研发的 AS15TT 反舰导弹，部署于英国的 AW159"野猫"直升机和法国的联合轻型直升机。

2017 年初，"硫磺石"空地导弹在完成近 40 次飞行试验后，首次在"台风"战机上完成实弹射击试验，验证了导弹与武器平台的集成性。试验由 BAE 系统公司、英国国防部、欧洲导弹集团、奎内蒂克公司、欧洲战斗机公司及其合作伙伴共同完成，是"台风"战机"第三阶段增强包"集成工作（旨在升级传感器和任务系统性能）的一部分，也是英国"百人队长"计划（旨在确保"狂风"战机能力在 2018 年底之前向"台风"战机平稳过渡）的一部分，所用战机为英国 IPA6 型"台风"战机。欧洲导弹集团"台风"战机集成部主管安迪·布拉福德表示，此次试验是"硫磺石"导弹与"台风"战机集成项目的一个重要里程碑。二者的集成将在 2040 年后为英国皇家空军和其他使用"台风"战机的国家提供世界一流的打击能力。

（三）印度

2017 年 4 月 21 日，印度海军从位于安达曼—尼科巴群岛海域的"塔尔瓦"级"泰格"号护卫舰上发射了一枚"布拉莫斯"两级超声速巡航导弹，并准确命中陆上目标。此次试验是海—陆型"布拉莫斯"巡航导弹的首次试射。印度海军发言人表示，该型导弹可使印度海军在远离海岸的海上对敌方内陆目标实施精确打击。印度海军的"加尔各答"级驱逐舰和

"塔尔瓦"级隐身护卫舰等多数主力战舰都可发射该型导弹。5月2日和3日,印度陆军西南司令部"第一攻击"团在安达曼—尼科巴群岛两次试射"布拉莫斯"Block Ⅲ型陆上攻击巡航导弹,进一步验证了该远程战术武器的精确打击能力。两次试验中,"布拉莫斯"Block Ⅲ型巡航导弹均从移动自主发射装置发射,并以"顶部攻击"方式命中了预设的地面目标,误差精度小于1米。这是印度陆军在一周时间内连续两次成功试射"布拉莫斯"Block Ⅲ型对陆攻击巡航导弹。

2017年5月,印度国防研究与发展组织首个航空试验靶场在班加罗尔附近的吉德勒杜尔加落成。该靶场占地约16.3千米^2,建造成本约4500万美元,旨在测试印度本土设计生产的武器系统和航空平台。靶场将配备空中交通显示系统(配有远程控制雷达)以及地面遥测系统、任务视频播放设备和靶场操作通信系统,其雷达中心拥有"单脉冲二次监视雷达"。靶场还设有一条长2千米的跑道,沿途配有跟踪与控制设备。

(四)澳大利亚

2017年6月,澳大利亚皇家空军一架P-8A"海神"反潜巡逻机部署马来西亚皇家空军基地巴特沃斯,完成其首次海外部署。此次海外部署是"门户行动"的一部分,不仅为P-8A反潜巡逻机开展作战试验鉴定提供了支持,也是在未来12个月里宣布其具备初始作战能力的一个重要里程碑。"门户行动"是澳大利亚与马来西亚等东盟国家为维护东南亚区域安全与稳定,联合实施的海空力量巡逻与侦察行动,同时也是澳大利亚与马来西亚两国之间双边防务关系中的一个关键因素。长期以来,"门户行动"确定在相关海域的海上侦察巡逻任务,一直由澳大利亚AP-3C"猎户座"海上巡逻机执行。考虑到AP-3C已服役数十年,澳大利亚准备用P-8A逐步取代老旧的AP-3C,并借此次部署之机,进一步改进P-8A性能,为其2018

年接管北印度洋和南中国海的海上侦察任务做准备。在接下来的2个月，澳大利亚皇家空军将对其搜索和救援能力进行作战评估，这也是宣布P-8A具备初始作战能力的另一个重要步骤。

（五）日本

2017年6月13日，由日本组装的首架F-35战斗机在位于爱知县的名古屋机场进行了首次飞行试验。此次试验历时近2个小时，主要用于检验飞机在飞行过程中的各项表现。初步结果显示，飞机各项功能运转正常。接下来，这架F-35战斗机还将在日本进行多次飞行试验，随后即远赴美国进行飞行训练。2011年12月，日本防卫省选择F-35战斗机作为其下一代空中防御战机，并向美国订购了42架。根据合同规定，前4架F-35战斗机已经在美国组装完成并已运抵日本，其余38架将在洛克希德·马丁公司和美国政府官员的监督下由日本三菱重工进行组装。此次进行首飞试验的F-35战斗机是三菱重工组装完成的第1架，其余37架将继续按计划推进。

日本首次开展真实海洋环境水下可见光无线通信试验。2017年10月初，日本防卫省防卫装备厅宣布，日本国立海洋研究开发机构在世界上首次实现真实海洋环境中水下可见光高速双向数据传输，通信速率达到20兆字节/秒。当前，水下平台无线通信主要利用水声和长波通信，但其峰值数据传输速率仅为200千字节/秒，且时延严重。因此，作为水下高效、高速信息传输的方法，水下可见光无线通信技术自从激光发明以来，一直是研究热点。日本国立海洋研究开发机构开展的系列水下光通信试验利用两部水下探测器作为通信节点，均配备了激光二极管发射装置以及高灵敏度的光电倍增器作为信号接收装置。其中，激光二极管采用水下信号衰减率较低的大功率蓝绿色和红色激光二极管。试验中，移动中的两部水下探测器在120米的通信距离内，成功实现了20兆字节/秒的稳定的双向数据传输，该数据传输率是现有水声通信的1000倍。此外，水下可见光无线通信设备还与水面通信节点建立了远程连接，验证了跨域通信能力。此次水下可见光通信试验的成功有两点重要意义：一是成功克服了水下真实复杂环境对光通信的衰减影响；二是验证了组建水下及水面互通网络的技术可行性。

2017年8月，日本成功试射了XASM-3超声速反舰导弹。导弹弹长5.25米，重900千克；装备冲压发动机，采用双进气道设计；最大飞行速度超过马赫数3，射程超过150千米，可掠海飞行以降低被探测和拦截的概率。该导弹将于2018年批量生产并列装日本航空自卫队，届时，导弹型号将改为ASM-3。XASM-3服役后，日本将成为继美国、俄罗斯及中国后全球第四个有能力研制超声速反舰导弹的国家。分析人士认为，日本生产及应用XASM-3，目的是应对中国的航空母舰建造计划、防范解放军日益强大的海洋军事力量。

（军事科学院军事科学信息研究中心　杨俊岭　唐荣）

2017年美国陆军试验鉴定发展综述

2017年，美国陆军继续加强武器装备试验鉴定各方面的管理，继续加大试验鉴定领域资金投入，继续升级改造重大试验基地和试验设施，继续发展网络安全性、装备可靠性、互操作性、无人自主系统等重点技术领域的试验鉴定能力，稳步推进实弹射击试验和毁伤评估，调整"网络集成鉴定"试验活动，为陆军信息技术创新创造条件，这些工作有力促进了美国陆军试验鉴定能力的发展。

一、试验鉴定司令部管理工作卓有成效

美国陆军试验鉴定司令部继续坚持装备项目尽早启动试验鉴定工作，支持陆军、其他军种和联合部队制定装备发展决策，完成多方案分析，确定作战关键问题准则，编写能力开发文件。试验鉴定司令部编写的系统鉴定计划明确并记录各采办里程碑所需的数据，为《试验鉴定主计划》提供关键信息。试验鉴定对象更侧重于作战效能而非技术性能，判断装备方案是否满足作战需求。通过早期介入采办流程，试验鉴定司令部基本确保里

程碑 A 之前的《试验鉴定主计划》中包含了试验鉴定长期计划。

试验鉴定司令部主要完成了以下工作：一是与其他机构合作，在阿伯丁试验场启动"再生"项目培养陆军文职人员。司令部还制定了有效的员工参与策略，改进陆军的监管效果、职业发展、奖励等方面工作，进一步提升战备性。二是继续评估陆军试验鉴定能力，力求在调整能力的同时维持全面、可用的试验基础设施，并封存低使用率的设施以减轻财政压力。三是启动积极的员工队伍规划，精简业务流程，使试验鉴定司令部达成 2019 财年人力资源目标，降低对试验鉴定任务的影响，维持核心能力和竞争力。四是继续推广网络安全最佳实践，改善网络安全态势，在装备全寿命周期的初期提供网络安全试验鉴定信息。五是加强对陆军试验方法标准化的领导，继续牵头制定国防部弹药安全性和适用性评估试验程序。六是继续支持陆军鉴定中心、陆军装备系统分析局可靠性增长中心，共享可靠性试验鉴定的经验教训，开发提高装备可靠性的工具和手段，为制定可靠性政策提供支撑。

二、继续加强重点技术领域试验鉴定工作

在网络安全性、互操作性、可靠性、自主无人系统等国防部重点关注的技术领域，美国陆军通过实施研发项目和制定规范流程改进提升试验鉴定水平。

（一）网络安全性

美国陆军高度重视网络安全性试验鉴定，多个项目采取多种手段开展网络安全性相关研发和试验鉴定工作。

仿真、训练与测量项目执行办公室以及测量、目标与威胁模拟项目主

任办公室管理网络蓝军和网络红军，根据蓝军实施的防御、探测、响应和恢复行动完成对抗评估，提交陆军研究实验室生存性/杀伤力分析处。

组合式化学武器备选方案项目执行办公室根据国防部签发的网络安全指南和相关规定制定了网络安全方案，与国家安全局，测量、目标与威胁模拟项目办公室和陆军研究实验室生存性/杀伤力分析处等网络安全机构共同规划和实施网络安全项目。

陆军导弹与空间项目办公室和航空与导弹研发工程中心合作策划了"网络安全试验平台"倡议，通过专用体系框架和虚拟化能力，将网络架构、软硬件和仿真系统集成到一个可控、稳定的环境，支持研发项目的网络试验、网络分析和网络风险降低工作。

（二）互操作性试验

美国陆军"一体化防空反导"项目将系统之系统背景下的互操作性试验鉴定作为重点领域，面向所有备案项目开发评估系统性能的新技术、新过程和新方法，提升互操作性试验能力。互操作性试验标准化方面，陆军试验鉴定司令部继续牵头制定弹药安全性与适用性评估试验流程，用以协调统一美国陆海空三军与北约盟国之间的试验规程，提高试验数据的通用性，避免可能出现的重复试验，增强联合行动中作战人员的互操作性。

（三）装备可靠性试验

陆军试验鉴定司令部下的陆军鉴定中心与研发工程司令部所属的坦克装甲车辆研发工程中心联合开展"试验中的车辆可靠性设计"项目，在陆军装备适用性评估中使用物理仿真解决可靠性试验鉴定相关问题。此外，坦克装甲车辆研发工程中心、地面作战系统项目办公室和作战支援与作战部队保障小企业创新研究项目办公室开发了试验优化软件包，根据试验进度和成本评估技术成熟度不足带来的风险，并创建了一种仿真和试验综合手段，最大限度地提高了试验效能，同时也最大限度地节省了成本和时间。

（四）无人自主系统

无人系统越来越高的自主性对高水平试验能力提出了更高需求。美国陆军试验鉴定司令部和陆军鉴定中心与研发工程司令部所属的坦克装甲车辆研发工程中心积极开展合作，开发功能强大的建模仿真能力，支持无人自主系统的试验鉴定。

针对产品可靠性试验，无人地面车辆项目投资150万美元开发小型无人地面车辆可靠性试验科目。此外，试验鉴定司令部还与测量、目标与威胁模拟项目主任合作，制定地面和空中自主机器人重大仪器设备的相关要求。阿伯丁试验中心、红石试验中心和尤马试验中心正式启动了"机器人、无人系统测量组件"项目，协助开发被试系统安全中止的手段和设备。该项目将于2020年具备初始能力，支持坦克装甲车辆研发工程中心的自主车队科学技术项目，预计2021财年转为备案项目。

三、继续加大试验鉴定领域投资

美军投入试验鉴定领域的资金支撑了试验鉴定新技术的研制和采购、重大武器装备试验鉴定项目的开展、重大试验设施和关键试验设备的升级改造，夯实了美军武器装备发展的基础。2017年5月，美国总统向国会正式提交了2018财年国防预算，其中美国陆军试验鉴定领域经费与前两年相比有了一些变化。

（一）经费投入保持稳定增长

表1是近三年美国陆军装备试验鉴定经费投入对比。2018财年，整个试验鉴定领域共包含24个项目单元，总经费达到12.54亿美元，比2017财

年增加约 7.9%。项目单元数量稍作微调，相比 2016 财年和 2017 财年分别增加了 3 个项目单元和 2 个项目单元。其中，"陆军试验场与设施"项目单元的预算额达到 3 亿多美元，为各项目单元最高，占试验鉴定总经费约 1/4；排在第二位的是"陆军夸贾林环礁"项目单元，预算额占总经费的 1/5；"重大试验鉴定投资"项目单元近三年预算持续增加，2017 财年较 2016 财年增长 30%，在此基础上 2018 财年比 2017 财年又提高 21%，突破 1 亿美元，占试验鉴定总经费的 8%。这 3 个项目单元与"作战试验保障"等 5 个项目单元一起构成陆军试验鉴定总经费的主体部分，比例超过 3/4，其他 16 个项目单元预算分摊其余 1/4 的经费，如图 1 所示。

表 1 近三年美国陆军试验鉴定经费情况（单位：万美元）

序号	试验鉴定项目单元	2016 财年	2017 财年	2018 财年
1	威胁仿真开发	2715.7	2567.5	2286.2
2	靶标系统开发	1616.3	1912.2	1390.2
3	重大试验鉴定投资	6505.9	8477.7	10290.1
4	兰德公司阿罗约中心	2001.4	2065.8	2014
5	陆军夸贾林环礁	20039.3	23664.8	24666.3
6	概念实验项目	1870.5	2559.6	2982
7	陆军试验场与设施	27327.5	30788.2	30758.8
8	陆军技术试验测量设备与靶标	5225.4	6412.7	4924.2
9	生存力/杀伤力分析	3306.9	3857.1	4184.3
10	飞机认证	457.1	466.5	480.4
11	研发试验鉴定活动气象保障	810.4	692.5	723.8
12	装备系统分析	2020.3	2167.7	2189
13	外军装备使用	1039.6	1241.5	1268.4
14	作战试验保障	4912.8	4968.4	5104
15	陆军鉴定中心	5226.5	5590.5	5624.6
16	陆军建模仿真协同与集成	90.1	795.9	182.9

（续）

序号	试验鉴定项目单元	2016 财年	2017 财年	2018 财年
17	项目活动	6106	5182.2	5506
18	技术信息活动	2599.1	3332.3	3393.4
19	弹药标准化、效能和安全性	4833.5	4054.5	4344.4
20	环境质量技术管理保障	367.3	213	508.7
21	司令部管理经费	4831.2	4988.5	5467.9
22	军用地面反无线电控制简易爆炸装置电子战（CREW）技术	0	0	791.6
23	罗纳德·里根弹道导弹防御试验基地	0	0	6125.4
24	军事欺骗倡议	0	200	177.9
	合计	103903	116199	125384

美国陆军2018财年试验鉴定领域预算

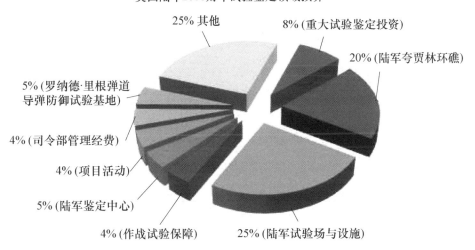

图 1　美国陆军试验鉴定领域 2018 财年预算分解

（二）项目单元数量略有增加

2018 财年，美国陆军试验鉴定领域预算增加两个项目单元——"军用地面反无线电控制简易爆炸装置电子战技术"和"罗纳德·里根弹道导弹防御试验基地"。

美国陆军被国防部指定为"军用地面反无线电控制简易爆炸装置电子战技术"项目执行机构，情报、电子战与传感器项目执行办公室成为该项目唯一主管，使命是确保美军及盟军相关系统的联合作战互操作性和兼容性；与涉及该技术的其他军种和国防部机构对接；保持多个国家在无线电控制简易爆炸装置威胁及对抗技术上的同步。2018财年该项目单元预算近800万美元，用于支持蜂窝试验基础设施，评估无线电控制简易爆炸装置对抗技术。

罗纳德·里根弹道导弹防御试验基地的运行和任务保障职能从项目单元（PE）0605301A的项目群DX2独立出来，设置为（PE）0606002A项目单元，年度预算为6125万美元，将用于管理和支付人员保障成本（薪资和差旅费用），管理陆军和国防部导弹系统的试验鉴定活动。该试验基地由政府管理、承包商运营，其运行与维护由负责保障的承包商提供。项目资金将支付采购最终产品，制定全寿命周期采购计划，武器系统合同的征求、协商、授予、执行和管理产生的费用，以及承包商运行并维护测量设备和光纤通信系统的费用。此外，项目资金还将支持三军和导弹防御局武器系统作战效能与适用性相关重大试验和数据采集工作，如陆军"爱国者"防空系统、空军"民兵"－3洲际弹道导弹、空间与导弹中心相关项目；导弹防御局的弹道导弹防御系统、洲际弹道导弹靶标、分层弹道导弹防御作战试验（包括"爱国者"、"萨德"、"宙斯盾"系统），以及国家航空航天局（NASA）的空间项目。

四、继续保持稳定的试验鉴定队伍

（一）试验鉴定队伍总体延续了之前的态势

美军试验鉴定队伍由来自方方面面共同执行试验鉴定任务的人员组成，

表2所列为美军试验鉴定队伍的9类人员。

表2 美军试验鉴定队伍人员组成

军职	文职	其他试验鉴定保障人员
	认证试验鉴定人员	负责保障承包商
	认证采办人员（非试验鉴定）	联邦资助研发中心/大学附属研究中心
	认证非采办人员	研制单位试验鉴定保障人员

根据2017年研制试验鉴定办公室公布的数据，2016财年，美国陆军试验鉴定队伍总人数为1903人，比上一财年下降2.7%，减少的人员数量主要来自文职人员，如表3所列。

表3 2015财年和2016财年美国陆军试验鉴定队伍军职与文职人员数量

财年 \ 人员	文职	军人	总数
2015	1932	24	1956
2016	1881	22	1903

图2给出了美国陆军试验鉴定队伍人员构成情况。其中，负责提供试验鉴定保障的承包商人员比例最高，为47%；其次是认证试验鉴定文职人员，达到18%；文职非采办试验鉴定人员、认证文职采办人员（非试验鉴定）和研制单位试验鉴定保障人员分别达到16%、9%和7%，这五类人员构成试验鉴定队伍的主体，占总人数的96%。

（二）继续落实试验鉴定关键领导岗位备忘录

美国法律规定，每个重大采办项目和重大自动化信息系统项目由首席研制试验官负责，具体职责包括：计划、管理、监督、协调项目研制试验鉴定相关工作；充分了解项目所属承包商相关工作，监督参与项目的其他

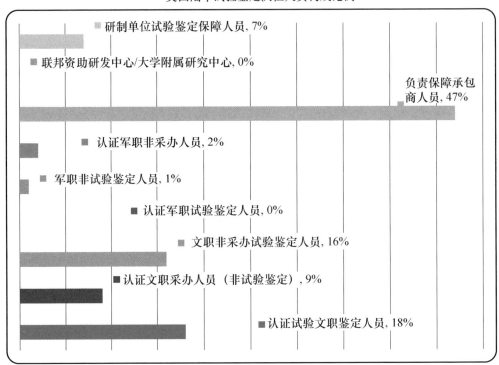

图 2　美国陆军试验鉴定队伍人员构成比例（2016 财年）

政府机构的试验鉴定活动；协助项目主任在项目实施过程中了解相关技术，客观评价承包商研制试验鉴定结果。

美国国防部负责采办、技术与后勤的国防部副部长要求所有重大采办项目和重大自动化信息系统项目首席研制试验官必须担任关键领导，并明确首席研制试验官的职责范围。2016 财年，国防部继续推进实施关键领导岗位备忘录，国防部各单位正在逐步将首席研制试验官设置为重大采办项目和重大自动化信息系统项目的试验鉴定关键领导岗位，选择合格人选填补这些职位。表 4 是美国陆军重大采办项目和重大自动化信息系统项目总数以及首席研制试验官数量。2015 财年到 2016 财年，陆军减少了重大采办项目和重大自动化信息系统项目,并裁减了部分未担任试验鉴定关键领导岗位的首席研制试验官职位。

表4 美国陆军重大采办项目和重大自动化信息系统项目
首席研制试验官和关键领导岗位变化情况

岗位 财年	重大采办项目和重大自动化信息系统项目数量	已任命的首席研制试验官数量	首席研制试验官空缺数量	担任关键领导岗位的首席研制试验官数量	未担任关键领导岗位的首席研制试验官数量
2015	28	19	9	22	6
2016	23	16	7	18	5

五、继续推进重点领域试验资源建设

针对信息化条件下的多域战对武器装备的要求,美国陆军重点加强了电子战、虚拟试验和仿真验证、核生化防御等领域的试验鉴定资源建设,并取得了一些阶段性进展。

一是负责开发、运行和维护陆军电子战能力的陆军威胁系统管理办公室开发完成升级注入式干扰机、机载电子战有效载荷和GPS干扰机系统等3项新的电子战能力,为作战试验提供高度真实的电子战威胁。这些新能力可支持"作战人员战术信息网络增量2"、"奈特勇士"/"步枪手"无线电台、中层网络车载无线电台、背包式无线电台、联合作战指挥平台、可靠定位导航与定时系统的试验鉴定。

二是持续投资发展具备实时毁伤评估的战术交战仿真系统。该系统集成"真实、虚拟、构造的"(LVC)仿真组件,对交战进行仿真,根据被试系统和威胁系统杀伤力和生存性特征得到真实的结果。该系统能够试验水陆两用战车、"布拉德利"战车和"艾布拉姆斯"坦克升级版、装甲多用途车辆、AH–64E 直升机 BlockⅢ、联合轻型战术车辆和"斯特赖克"升级系统。

三是继续开发作战人员伤害评估假人。项目由陆军牵头，通过创建军用拟人试验装置，制定车下爆炸环境伤害标准，提高对车底简易爆炸装置和地雷爆炸伤害的试验鉴定能力。该项目 2015 年正式列入Ⅱ类采办项目，2017 年和 2018 年陆军拨款 1620 万美元继续开展研发与试验鉴定活动，进一步完成采办流程。

四是将西部沙漠试验中心生命科学部划归埃奇伍德化学生物中心，更名为西部沙漠试验中心生物试验分部。该机构拥有生物防御系统作战试验鉴定所需的生物试验设备和能力，陆军已经为其申请疾病控制与预防中心生物安全三级的许可证，预计 2019 年底前通过认证。

六、继续通过实弹射击试验开展毁伤效能评估相关研究

在美国国防部联合实弹射击项目的支持下，美国陆军在 5 个重点领域开展了研究工作。

一是表征新的生存性问题。联合实弹射击项目以 2024–T3 铝靶板阵列作为典型结构材料，研究火箭弹基本部件对其侵彻特性。这项研究主要针对敌方火箭弹被主动防御系统拦截、摧毁，破碎分解形成的不规则动能破片对飞机造成的毁伤程度。联合实弹射击项目还首次使用一台功能齐全的 JT9D 涡轮风扇发动机研究了大型航空发动机风扇对于便携式防空系统的易损性。

二是表征新的杀伤性问题。为获得混凝土砌块墙体的破片侵彻数据，

联合实弹射击项目共完成了 45 次侵彻试验，测量数据将用于快速空中目标遭遇侵彻算法（FATEPEN）模型中，2018 年还将进行 35 次同类试验。

三是提高武器数据准确性和置信度。联合实弹射击项目完成了以下工作：①通过试验量化埋头战斗部性能和附带毁伤效应，表征小直径炸弹、MK 82、MK 83、MK 84 等四种弹药埋头深度、土壤类型和冲击方向的关系；②重新获取 MK 84 通用炸弹的垂直靶场试验数据，将结果纳入到联合弹药技术协调组/任务效能开发的模型中；③在混凝土砌块结构的目标内引爆"海尔发" R9E 战斗部，表征爆炸产生的二次破片的毁伤效应；④启动更新由 Francis Mascianica 于 1981 年出版的《轻型装甲的弹道技术》，这本 1000 页的手册汇编了各种金属、复合材料和陶瓷材料对各种弹丸射击的基准抗弹性能。

四是改进实弹射击试验方法，主要完成以下工作：①改进工程土壤中的 RG－31 试验；②分析车底爆炸试验中，威胁与爆炸箱的相互作用；③开发基于火箭弹的仪器化惰性威胁系统，用于在实弹射击硬杀伤主动防御试验中进行反炮弹效能评估；④改进实弹射击试验和弹道冲击试验使用加速度计的评估手段。

五是优化实弹射击试验建模仿真。完善了爆炸成型穿甲弹的装甲后破片速度场建模；通过量化收集到的试验数据的变化，来优化小口径终点弹道试验的实弹射击试验矩阵；开发基于经验数据的 OG－7V 手雷威胁模型。

七、调整信息化装备作战试验鉴定活动

美国陆军自 2011 年起每年开展两次"网络集成鉴定"试验行动，主要对具备列装潜力的新型任务指挥与电子战系统进行作战试验鉴定。截止

2017年7月，这项行动已开展了11次，对于指导旅级战斗队未来远征任务指挥网络装备的系统设计、性能提高、功能拓展和训练使用发挥了重要作用，持续提高了美国陆军遂行远征作战任务的网络化指挥能力。与往年试验行动不同，2017年的信息化系统综合试验鉴定活动发生重大调整：一是将每年两次的"网络集成鉴定"试验行动调整为一次"网络集成鉴定"和一次"陆军作战评估"。"网络集成鉴定17.2"于2016年7月11—30日在布利斯堡举行，"陆军作战评估17.1"于2016年10月在布利斯堡、白沙导弹靶场、霍罗曼空军基地举行。二是第101空降师第2旅级战斗队取代第1步兵师第2装甲旅实施"网络集成鉴定17.2"行动，这是首次没有使用专门的试验部队执行试验任务。三是盟军部队直接参与试验行动，打破了原有的单一军种试验模式。参加"陆军作战评估17.1"行动的部队不仅有美国陆军，还有英国、澳大利亚和加拿大的部队，以及美国陆军特种部队、网络与航空特别行动部队等单位。四是试验行动的定位发生变化。"陆军作战评估"的定位是多国联合演习，不单纯针对信息化装备开展试验，还要探索新的联合作战概念，提高美国陆军与联合部队、盟军的互操作性。

八、主要特点

（一）通过关键领导岗位认证保证首席研制试验官在项目中的地位

美国陆军按照国防部要求，继续推进关键领导岗位资格认证工作。陆军采办职业管理局签发了《陆军关键领导岗位招聘与实施政策程序》草案，按季度跟踪和报告关键领导岗位和相关数据，跟踪所有关键领导岗位招聘活动和空缺，确保每个候选人和任职者都达到了岗位要求。美国陆军根据国防部规定，任命首席研制试验官担任重大采办项目和重大自动化信息系统项目试验鉴定关键领导,同时加强对相关人员的培训,确保首席研制试验官符合要求。

(二) 围绕陆军作战挑战积极探索试验新模式

美国陆军对实施了 6 年的"网络集成鉴定"试验行动做出重大调整,启动"陆军作战评估"行动,其目的是在"部队 2025 超越"战略指导下,应对陆军作战概念提出的 20 项挑战,从单纯的装备作战试验鉴定向作战概念和作战能力评估转变。"陆军作战评估"打破了正式作战试验鉴定的约束条件,重点考察陆战网络的完善和改进,探索作战艺术的可能性,评估作战概念,完善需求,改进系统工程流程,吸纳经验教训,加强网络能力的集成和采办。"陆军作战评估"将是美国陆军未来一个时期的"拱顶石"试验行动,为美国陆军作战挑战提供解决方案。

(三) 建模仿真技术是陆军试验鉴定能力建设重点方向

信息化高度发展的今天,建模仿真技术已经成为装备试验鉴定不可或缺的基本手段,美国国防部监管的陆军重点研制试验和作战试验项目,如毁伤评估、电子战、城市作战环境,在不同程度上依赖于建模仿真技术。美国陆军试验鉴定领域年度预算多数项目单元均包含研发建模仿真相关技术的经费预算。同时,美国国防部主管的联合任务环境试验能力等投资计划正在继续推进 LVC 环境建设。因此,建模仿真相关技术将是今后陆军试验鉴定能力建设重点之一。

(中国兵器工业集团第二一〇研究所 刘宏亮)

2017年美国海军试验鉴定发展综述

试验鉴定是装备采办中的重要环节。美国海军新型装备从方案论证到部署，整个过程需进行大量不同形式、目的和规模的试验，从试验的组织管理、试验能力的重点建设，以及各型号试验的组织实施等，都对试验鉴定提出了新的更高要求。

一、试验鉴定组织管理

美军试验鉴定分研制试验鉴定和作战试验鉴定两大类。为有效管理和开展试验鉴定工作，美国海军在组织机构设置中将研制试验鉴定工作与采办线紧密结合，作战试验鉴定工作则采取独立于采办线的组织模式，以实现两类试验协调开展、相互配合，同时确保作战试验的独立性。

美国海军的试验鉴定组织机构如图1所示。海军部长将装备的研究、发展、试验鉴定职责赋予负责研究、发展与采办的海军助理部长和海军作战部长。根据海军指示5000.2E，创新、试验鉴定与技术需求处主任作为海军试验鉴定工作的执行管理机构，负责试验鉴定相关政策的颁布，向海军作战部长和海军陆战队司令以及负责研究、发展与采办的助理部长报告工作。创新、试验鉴定与技术需求处主任的主要职责包括：审批海军所有的《试验鉴定主计划》，提出海军试验鉴定需求并加以解决，颁布海军试验鉴定方面的政策、规章和程序等。

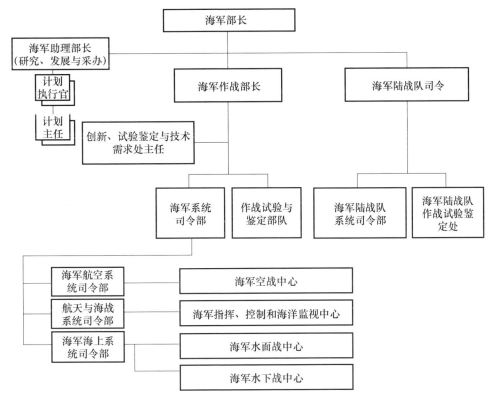

图1 美国海军试验鉴定组织机构

（一）研制试验鉴定组织机构

美国海军新型系统研制由各系统司令部分别负责。海军航空系统司令部负责飞机及其主要武器系统的研制和研制试验鉴定；海军海上系统司令部负责舰船、潜艇及相关武器系统的研制和研制试验鉴定；航天与海战系统司令部负责所有其他系统的研制和研制试验鉴定。系统采办由授权的项目主任或系统司令部司令管控。指定的研制机构负责研制试验鉴定，并协调《试验鉴定主计划》中所有的试验鉴定规划工作。研制试验机构具体职责包括：基于用户需求确定试验需求、明确实施研制试验鉴定所需的试验设施和资源、编制研制试验鉴定的试验报告等。

（二）作战试验鉴定组织机构

作战试验鉴定部队司令负责组织实施海军独立的作战试验鉴定活动，并直接向海军作战部长汇报工作，其主要职能包括：与研制机构建立早期联系以确保对需求和计划的充分理解；确保各类文件信息充分以满足试验鉴定计划所需的输入信息；规划和实施逼真的作战试验鉴定；在海军作战部长指导下为正在进行作战试验鉴定的系统制定使用战术和规程等。

（三）海军陆战队试验鉴定组织管理

海军陆战队总部的计划、预算与执行办公室领导整个海军陆战队的计划工作，支持新系统的采办。海军陆战队系统司令部司令是研究、发展、试验鉴定的主管，负责海军陆战队的研制试验鉴定，也直接向负责研究、发展与采办的海军助理部长汇报工作。

海军陆战队系统司令部司令是海军陆战队的装备研制代表，直接与海军系统司令部协调，负责所有海军陆战队所需系统的研制试验鉴定政策、规程和需求。海军陆战队作战试验鉴定处负责指定的海军、海军陆战队和联合采办项目的独立作战试验鉴定，负责作战试验的规划、实施和报告，并协调安排需海军陆战队作战部队支持的作战试验资源。

二、重点关注的试验领域

海军装备具有兵种专业繁多、装备技术复杂的特性，各系统间互操作常常成为装备使用中的瓶颈，尤其是现有网络电磁对抗能力无法满足美国海军提出的"空海一体战"的要求。为提高试验效率和逼真度，美国国防部和海军大力推进试验鉴定中的重点领域，以适应未来装备试验的需求。

（一）加强网络安全试验鉴定

近年来，网络安全领域迅速发展成为新的威胁与防御领域，众多军用系统及网络都会受到网络攻击的影响。美军通过发布多个网络安全试验鉴定政策性指导文件，加速开发适用的工具与技术，以保持网络态势试验鉴定能力与网络装备的同步发展。美国国防部陆续颁布了一系列有关网络安全试验鉴定的顶层指导性文件，如2013年发布的《网络安全研制试验鉴定指南》，2014年发布的《采办项目网络安全作战试验鉴定规程》备忘录，2015年发布的《网络安全试验鉴定指导手册》，以及2016年发布的《网络安全作战试验鉴定重点与改进》备忘录。这些文件的发布与实施，逐步规范了网络安全试验鉴定的内容要求、基本程序与实施步骤等。

在具体实施层面，美军正积极倡导在项目早期进行网络安全试验鉴定规划，并将这一活动贯穿于整个项目研制过程。同时高度重视网络靶场与试验设施建设，通过新建靶场和对原有靶场进行改造，目前美军已拥有多个具备相应试验能力的网络靶场与设施。美国海军目前的大部分重大国防采办项目都开展了涉及网络安全方面的试验鉴定，并加大了通用网络装备的试验力度。多项重大演习和网络活动提高了国防部的网络安全态势。作战试验鉴定局主导的"发现—调整—验证"网络安全评估计划大大提高了作战司令部网络防御能力。

（二）推进互操作试验鉴定

互操作试验是在联合作战对武器装备互操作能力的需求和互操作试验政策的要求牵引下产生并逐步发展的。美国国防部明确要求，国防部所有重要国防采办项目以及需共同使用的所有项目与系统,均应对其在整个使用寿命周期内的互操作性进行评估,以验证其支持完成任务的能力。美国国防部研制试验鉴定办公室正继续编写、细化并倡议互操作性研制试验鉴定指南。该指南要求在项目全寿命周期尽早规划和开展互操作性研制试验,并从一开始就将其纳入整个研制试验鉴定策略中,从而为系统工程人员提供反馈信息,对系统进行更有效的修改。该办公室强调,在规划和执行研制试验鉴定时,一定要考虑联合互操作试验司令部(隶属国防信息系统局,负责互操作试验的认证)的需求,使其能够使用试验数据在初始作战试验鉴定中开展互操作性验证。

在"海上一体化火控—防空"(NIFC-CA)计划下,海军航空系统司令部正在连接各重点平台系统的综合实验室、其他"真实、虚拟、构造的"(LVC)系统以及飞机等,以演示验证和完成早期的系统互操作性和功能性试验。"海上一体化火控—防空"计划也正在各核心试验小组之间进行联合数据分析审查,并联合提出最佳缺陷解决方案,以提高体系的总体性能。

(三)完善自主系统试验鉴定

随着武器系统越来越多地使用自主技术,无人系统数量规模呈现出爆炸式发展态势。自主系统所特有的面向模糊不确定威胁的自主认知态势、面向复杂动态对抗环境的自适应决策以及多自主系统的集群作战样式,迫切需要新型试验鉴定科学技术,以应对自主性技术融入武器装备后所带来的挑战。美国国防部把自主性研究作为优先投资的科学技术领域之一,并将自主性试验鉴定作为该领域的四个挑战性子领域之一。基于目前的试验模式,确保武器系统满足所有可能的需求,将超出传统试验鉴定方法的能力范畴,并导致成本急剧增加。因此,美军采取的措施是综合使用建模仿真方法,通过开发大量试验案例,根据所需标准对系统性能进行统计测试;

之后，对系统进行一系列实测，确保仿真数据和实测数据能够与预测的性能相匹配。2016 财年，研制试验鉴定办公室针对自主系统试验鉴定授出两项研究合同：一项是解决先进综合能力试验问题，实现感知、认识、决策和执行四个领域的自主功能；另一项是弥补试验鉴定基础设施差距，制定相应的投资计划。2016 财年美国国防部试验资源管理中心的中央试验鉴定投资计划为海军现有高速机动靶标启动了一项改进计划——蜂群自主与计分计划，以开发实时杀伤评估能力。

（四）启动大数据/知识管理计划

靶场试验数据是对武器装备做出定量、客观、科学评定的重要依据。近年来，靶场获取的装备试验数据正以前所未有的速度不断增长和积累，多元化数据大量涌现，数据分析需求猛增，这一切都预示了靶场大数据时代的来临。美军自 2014 财年启动了两个大数据/知识管理计划，利用企业方法进行试验鉴定知识管理，并利用商用大数据分析技术提高系统寿命周期的知识基础。一是联合攻击机知识管理计划，重点关注数据挖掘、大数据分析及云计算技术领域的技术成果，研究如何将这些技术成果应用于试验鉴定数据处理和管理方面，以支持复杂的研制试验和作战试验任务。二是高效试验鉴定数据处理计划，利用所搜集的历史数据支持持续的系统改进，并为下一代系统的工程需求设计提供有价值的输入。美军在积极尝试通过提高知识管理能力，并引入大数据分析方法，对海量的试验数据进行快速和全面分析。目前，这两个项目通过早期确认问题、避免重新试验，节省了试验成本。美国海军的"分布式通用地面系统增量 2"项目于 2016 年 6 月 12—16 日完成"能力交付 -0"，即海军作战优势综合战术云基准（NITROS）风险降低计划，以降低云计算基础设施和技术的风险。

(五) 提高建模与仿真利用率

建模与仿真是试验鉴定的重要手段之一，可为试验鉴定机构提供有价值的信息，减少外场试验时间和费用，并为试验前的预测和试验后的鉴定提供支持。当前的采办项目正日益复杂，这些项目经常依靠建模与仿真来填补数据缺口。真实试验的开展会受到很多限制，而通过建模与仿真可提供在整个作战包线内的性能表现。未来试验鉴定活动毋庸置疑将极大地依靠建模与仿真工具。这就要求采办界和试验界提升目前的建模与仿真能力，包括建模仿真资产的校核验证和确认。美国国防部作战试验鉴定局正计划更新关于建模与仿真使用以及模型校核验证确认方面的指南。作战试验鉴定局的"联合实弹射击"（JLF）计划对若干广泛使用的易损性建模与仿真工具进行认证，并提高了这些工具的评估能力。美国海军也在为水下装备开发和改进模型，如在 C^4I 和软件密集型系统试验领域，正在开发原型算法来预测鱼雷性能，该计划重点是声传播模型的建立，以提高鱼雷仿真能力。中央试验鉴定投资计划正投资海军先进水雷仿真系统改进计划，以测量海军平台对抗仿真水雷威胁的脆弱性并增强水雷控制仿真能力。

三、重大项目试验进展

美国海军拥有进行以平台为中心和体系能力试验的众多设施、靶场、靶标以及威胁模拟器。诸多重大项目的复杂化、网络化、无人化趋势给试验鉴定的开展带来巨大挑战，研制试验的考核要求更加全面和综合，而作战试验需要更先进的威胁表征和新的试验能力。

(一) 重大项目研制试验鉴定

美国海军新型装备的研制试验由各系统司令部负责。近年来，海军海上系统司令部利用其能力域主任和试验鉴定功能咨询委员会,持续开展工程和试验鉴定能力域的相关工作,以提高系统司令部对项目执行官和项目管理办公室的支持。关注的重点是早期试验鉴定、互操作性与集成工程、基于任务的试验以及网络安全试验鉴定。海军航空系统司令部持续开发作战相关的"真实、虚拟、构造的"(LVC)试验环境、网络安全试验鉴定、一体化作战、基于能力的试验鉴定和自主系统试验鉴定。

根据美国国防部研制试验鉴定办公室年度报告,目前其监管的海军重大采办项目主要有"杰拉德·福特"级核动力航空母舰(CVN78)、近海战斗舰及任务组件、分布式通用地面系统(海军)"增量2"、MQ-4无人机系统、海上战术指挥与控制、MQ-25无人飞行器、P-8A多任务海上飞机、下一代干扰机等。

1. 分布式通用地面系统(海军)"增量2"

该项目的目的是提高美国海军舰载、岸上和国家情报节点、联合军种通用地面系统体系、众多情报机构、国防部用户之间的网络中心战兼容性与互操作性。用户采用先进的分析工具和自动程序对不断增长的数据作出有效响应,减少理解和评估数据的时间并生成可执行的情报。在项目研制试验计划中,提出网络安全试验鉴定策略,规划了4个阶段的网络安全试验并完成第一阶段部分工作,即理解网络安全试验需求;评估了项目的7个初步可测量与可试验的关键性能参数,并提出初步可靠性增长和软件成熟度策略;通过风险降低活动,提供了"能力交付-1"所需的验证数据。此外,该项目"能力交付-0"通过海军作战优势综合战术云基准计划降低了过程和性能风险。

2. "杰拉德·福特"级航空母舰

该航空母舰是一个复杂的体系,包括大量新设计的关键系统,其任务关键系统试验涉及空战和作战系统，以及船体综合试验（交付日期因技术问题延期多次）。船体综合试验包括对船体的动力系统、电磁飞机发射系统、先进拦阻装置、双频段雷达和先进武器升降机进行评估，此外在初步作战部署前的全舰振动试验对航空母舰和装备的影响也是重点关注问题。

3. 近海战斗舰

近海战斗舰包括3个主要项目：舰体、任务模块、后勤/维持。由于可用舰船数量短缺是造成海试和训练无法如期完成的因素之一，因此海军对相关政策进行改进以促进研制试验、训练和新能力的早期部署，指定首批4艘舰体作为试验与训练舰。在近期试验中发现重大推进系统故障，迫使海军考虑改变设计。这些改变将在未来、改型近海战斗舰和新型驱逐舰设计中采用。自2013年近海战斗舰开始部署以来，对3艘舰进行了主要的网络安全试验，但在所有信息装备安装到位前，仍需开展进一步试验以消除网络风险。

4. MQ–4C 无人机系统

MQ–4C无人机系统包括高空长航时无人机、传感器、通信、任务控制及保障装备，开展了传感器性能和全载荷包络扩展飞行试验，并将5架研制试验用飞机中的第3架作为地面试验资源以降低全基线综合功能构型的开发和集成风险。美国国防部研制试验鉴定办公室对该型飞机进行了正式评估以支持情报、监视与侦察（ISR）基线能力的小批量生产决策，结论是除了软件问题外基本满足里程碑C的准入条件。在互操作性方面，不仅演示验证了其与海军宽域网的集成能力，还演示验证了与仿真CVN舰和P–8飞机进行C2链路及ISR传感器数据传输的能力，但考虑到可能的电磁干扰，未在飞行中演示与超高频卫星的通信。

（二）重大项目作战试验鉴定

在新型或改进型系统部署前，了解其在真实作战条件下的表现是作战试验的主要目的。为避免装备带着问题交付，美国国防部作战试验鉴定局要求所有项目必须在里程碑 C 生产决策前进行作战评估。作战试验要求有意义和可试验的需求和试验指标，但很多装备的关键性能参数并不充分，如 P-8A "海神"海上巡逻机的关键性能参数并不能真实演示其发现潜艇的能力，海军正在将试验聚焦于面向任务指标的量化考核，以描述飞机的反潜战能力。作战试验同样面临网络安全试验的挑战，如多谱网络威胁，非互联网协议系统的数据传输、定制进攻、端对端试验、云计算等。

根据作战试验鉴定局的年度报告，目前其监管的海军重大采办项目主要有 AGM-88E 先进反辐射导弹、协同交战能力（CEC）、通用航空指挥与控制系统、分布式通用地面系统（海军）、近海战斗舰、MQ-4C 无人机系统、P-8A 多任务海上飞机、自防御舰等。

1. AGM-88E 先进反辐射导弹

美国海军于 2017 年 3 月完成 AGM-88E 先进反辐射导弹 Block Ⅰ 型的一体化试验。Block Ⅰ 型导弹的软件进行了改造升级，以解决 2012 财年初始作战试验鉴定中发现的问题。在 8 次实弹射击试验中，6 次成功 2 次失败，试验表明 Block Ⅰ 型软件性能较之前版本有所提高，但仍存在可靠性和准确性方面的缺陷，不满足能力生产文件中确定的可靠性需求。此外，根据审批的试验计划进行了网络安全试验，但试验策略并不完备，无法对导弹对抗网络进攻的生存能力进行充分评估。在未完成作战试验和未完全解决 Block Ⅰ 型试验期间发现的性能与软件稳定性问题的情况下，海军于 2017 年 7 月发布了 Block Ⅰ 型软件，AGM-88E 增程型导弹就采用该软件，因此后续仍将进行系列试验以解决上述遗留问题。

2. MQ-4C 无人机系统

针对 2016 年 8 月里程碑 C 采办决策备忘录中给出的关于开发和部署多情报（Multi-INT）构型的建议，美国海军于 2017 年初对《试验鉴定主计划》进行了修改并通过作战试验鉴定局审批，将项目的初始作战试验鉴定从 2017 年延后到 2021 年。根据调整的试验计划，海军将于 2018 财年对基线构型进行作战评估，以支持 2 架 MQ-4C 的早期部署，2020 财年对 MQ-4C 多情报构型进行作战评估。

3. 协同交战能力

美国海军协同交战能力项目是一个实时传感器联网系统，通过将各类传感器和武器资源集成为一个单一、综合和实时的网络，提供高性能的态势感知和综合火力控制能力。该项目主要由负责采集和融合传感器数据的处理器及负责数据交换的数据分发系统组成。在项目持续开展的后续作战试验鉴定中，暴露出了电磁干扰、系统间不兼容等问题，后续将进一步通过试验发现和修正集成方面的问题。

4. P-8A 多任务海上飞机

美国海军 P-8A 工程更改申请（ECP）2 的作战试验鉴定原计划于 2016 财年初启动，但由于在研制试验期间发现的反潜战软件缺陷，最终于 2016 年 11 月启动，持续到 2017 年 12 月。主要开展了如下作战试验：P-8A 宽域反潜战搜索能力；为解决之前作战试验发现问题而进行的情报、监视与侦察任务能力后续改进试验；系统级网络安全评估；空对空加油能力；先进 AGM-84 Block Ⅰ C "鱼叉"导弹；后勤保障系统的作战可用性；之前试验发现的至少 37 项重大作战缺陷的修正等。试验数据分析表明，P-8A 在情报、监视与侦察任务能力方面取得重大进展，并成功地与 AGM-84D Block Ⅰ C 先进水面战系统进行了集成。目前 P-8A 多静态有源相干

（MAC）传感器宽域反潜战搜索试验结果尚不确定，因可用潜艇靶标数量不足，计划的 24 次试验只完成了 6 次。海军后续将继续完成 P–8A《试验鉴定主计划》要求的多静态有源相干反潜战宽域搜索作战试验，并完成利用 HAAWC MK 54 鱼雷系统执行高空反潜作战的作战试验。

（军事科学院军事科学信息研究中心　曹金霞）

2017年美国空军试验鉴定发展综述

近年来，随着美军对试验鉴定的重视度不断提高，美国国防部各部门和军种仔细地设计组织架构和资源，加强试验鉴定工作的监督，确保实现最大的效能。基于对美军试验鉴定领域最具影响力的两份年度报告——2018年1月发布的《2017财年美国作战试验鉴定局局长年度报告》和2017年初发布的《2016年财年美国研制试验鉴定年度报告》——以及其他资料的整理，重点从美国空军试验鉴定管理组织、空军试验鉴定资源管理、重点项目试验进展等几个方面，对美国空军武器装备试验鉴定能力近几年的发展变化进行总结介绍。

一、美国空军试验鉴定管理组织

美国空军试验鉴定管理组织是美军试验鉴定管理体系的一个有机组成部分。美军试验鉴定管理工作设有专门的机构和人员，具体负责组织管理工作，构成了一个试验鉴定管理体系。该管理体系大致分成三个层次：国防部一级的管理机构、军种一级的管理机构和项目办公室管理。此外，还有为试验鉴定服务的技术支持机构和设施。管理部门与实施单位相结合，构成了一个较完善、独立的试验和评价体系。

美国国防部负责顶层试验鉴定管理的三个部门：研制试验鉴定局、作战试验鉴定局以及试验资源管理中心（TRMC），构成国防部负责试验鉴定的三个相互补充、密不可分的职能机构，全过程监管试验鉴定活动，管理试验鉴定资源和技术方法投资建设，全面提升美军试验鉴定能力和效果。

美国空军负责采办的助理部长是空军研究、发展与采办方面的高层领导，负责与国防部办公厅中负责研制试验鉴定的助理国防部长帮办和作战试验鉴定局局长就试验鉴定事项建立联系，并汇总各种试验鉴定结果，供采办决策使用。空军参谋长下属的空军试验鉴定处负责空军试验鉴定政策的指导和监督，审查有关试验鉴定的文件和计划安排。空军试验鉴定处处长处理空军的研制试验鉴定和作战试验鉴定文件，为空军解决试验鉴定问题，并对《试验鉴定主计划》的审查进行管理。参见图1。

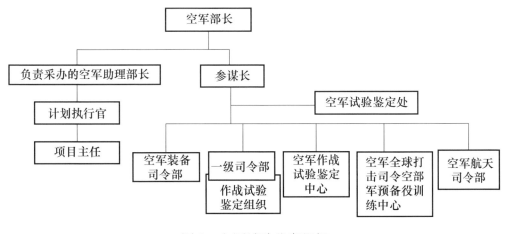

图1 空军试验鉴定组织

空军研制试验鉴定机构：美国空军装备司令部和空军航天司令部是开展政府研制试验鉴定和管理采办项目的执行司令部，确保完成所有层次的研究工作，并承担武器系统、保障系统和装备的试验鉴定。武器系统部署后，空军装备司令部和航天司令部仍保留针对系统改进和升级的开发、试验管理职责。其中，空军航天司令部负责航天和导弹系统的研制试验鉴定。

值得注意的是，2011年之前美国空军装备司令部直接管辖12个中心，其中涵盖研制试验鉴定工作的有4个，分别是航空武器中心（AAC）、空军飞行试验中心（AFFTC）、阿诺德工程与发展中心（AEDC）和空军研究实验室（AFRL）。但是根据2011财年预算控制法案，美国国防部的预算要求在未来10年内削减4870亿美元。受此影响，美国空军被要求裁减16500名文职人员，其中有4500人来自美国空军装备司令部。因此，为了满足人员裁减要求，2012年美国空军装备司令部对组织结构进行了大幅调整。调整之后，美国空军装备司令部的直属中心数量由之前的12个合并到目前的5个，分别是：空军安装和任务保障中心、空军寿命周期管理中心、空军核武器中心、空军持续保障中心以及空军试验中心（AFFTC）。其中，以前的航空武器中心、空军飞行试验中心和阿诺德工程与发展中心进行合并，组成全新的空军试验中心，而空军研究实验室的地位保持不变。新的空军试验中心监督空军装备司令部的3个主要机构开展的工作，包括第96飞行大队、第412飞行大队和阿诺德工程与发展中心。

空军作战试验鉴定中心：空军作战试验鉴定中心负责开展美国国防部监督列表上的所有空军项目的独立作战试验鉴定。空军作战试验鉴定中心还开展作战试验，支持联合应急作战需求和作战部队快速采办项目。中心指挥官直接向空军参谋长报告。为了准备作战试验鉴定，空军作战试验鉴定中心评审所有相关的作战和训练要求、使用和维修方案以及战术。一级司令部提供作战方案、人员和资源，帮助空军作战试验鉴定中心开展作战试验鉴定。

一级司令部作战试验组织：每个一级司令部下设作战试验组织（中队和机队），针对已通过空军作战试验鉴定中心初始作战试验鉴定的系统，开展后续作战试验鉴定，以及实施所有持续保障系统的作战试验鉴定。部队发展试验是作战试验鉴定中的一种类型，由一级司令部的作战试验组织实施，在初始部署之前支持一级司令部管理的系统采办相关决策，或支持一级司令部的持续保障或升级活动。

另外，值得注意的是，美国空军试验鉴定管理组织在未来一年随着国防部采办、技术和后勤部门的拆分，管理组织名称和隶属关系可能会发生变化。

二、美国空军试验鉴定资源管理

美军对试验鉴定资源的管理采用的总体策略是：国防部统筹规划，各军种分别运营和维护。下面主要从试验鉴定设施、试验鉴定人员、投资计划、经费等方面介绍美国国防部和空军的试验鉴定资源管理情况。

（一）试验鉴定设施

1. 美国国防部试验鉴定设施

美国国防部试验鉴定基础设施覆盖五个领域：陆、海、空、天和网络。据《2017财年美国作战试验鉴定局局长报告》分析，美军试验设施的不足主要表现在两个方面：一是设施陈旧。美军大部分的试验靶场基础设施都超过了50年之久，其中一些是在第二次世界大战前建造的，28%的重大靶场和试验设施都已经破旧，维修费用大约需要11亿美元。二是支持新型装备试验鉴定的设施不足。主要包括第五代空中靶标、自防御试验舰、多级超声目标，以及用于反潜艇作战试验的鱼雷和潜艇替代物等。

就未来发展而言，美军的试验设施建设一是注重设施能力的综合与集成，二是强调快速构建面向新威胁的试验基础设施。从第一方面来看，美军未来不仅将关注外场试验靶场，而且还将着眼于对多种试验设施能力进行综合和集成，这些试验设施包括软件试验台、软件和硬件在回路设施、微波暗室、露天（野外）模拟器、威胁模拟器、效应建模与仿真、露天设施等。未来的外场设施要能够综合虚拟和实况模拟器来提高作战现实性，并扩展全面的作战环境。从第二方面来看，随着电子战和网络威胁的不断演变，美军强调快速开发新的试验基础设施。自 2010 年以来，美军一直努力争取资源来改进网络试验能力和电子战试验靶场基础设施，支持现代作战系统的逼真试验。2012 年，美国国防部投资了 5 亿美元，用于电子战基础设施改进项目（EWIIP），升级露天（野外）试验靶场、微波暗室，并对实验室重新编程，帮助开发并掌握 F-35 和其他先进空中平台的性能。

此外，为了支持试验设施的发展，美国国防部试验资源管理中心 2016 财年首次采用试验能力评估和路线图方法，制定关键试验能力领域的增强计划。其中主要包括：网络空间试验鉴定基础设施路线图、用于试验鉴定公共运行场景的射频频谱、电子战试验鉴定基础设施改进路线图、高超试验鉴定资源投资路线图、红外对抗试验鉴定资源投资路线图等。

2. 美国空军的主要试验设施

美国空军的试验设施主要位于空军装备司令部的阿诺德工程与发展中心、第 412 飞行试验中队、第 96 飞行试验中队、空军作战试验鉴定中心等以及空军研究实验室。

阿诺德工程与发展中心拥有美国最先进和尺寸最大的风洞模拟试验设施，包括推进风洞 16T、推进风洞 4T、超声速风洞 A、高超声速风洞 B、高超声速风洞 C、高超声速风洞 9 和国家全尺寸气动中心等；还拥有 15 座航空涡轮发动机试验舱，重要的设施包括 C-1、C-2、J-1、J-2、SL-2、SL-3、T-3 和 T-4 等。

空军试验中心的第 412 飞行试验中队和第 96 飞行试验中队主要开展固定翼飞机飞行试验。作为开展飞行试验的专门机构，阿姆斯特朗中心和美国空军的飞行试验中队都有各自的试验场、跑道、试验研究机等开展空中飞行试验必备的试验设施。

美国空军研究实验室和空军装备司令部空军试验中心的第 96 飞行试验中队拥有美军主要的航空机载技术研究设施。空军研究实验室典型的机载技术研究设施为纽波特天线研究和测量设施，主要针对航电系统进行试验，装备有发射和接收设备、2 座小山、3 自由度飞机基座以及 6 个数据采集场所和 10 个测量点。第 96 飞行试验中队的机载技术试验设施主要为霍洛曼高速滑轨试验场、中央惯性和 GPS 试验设施及国家雷达横截面试验设施等。

（二）试验鉴定人员情况

按照美国当前的采办政策，试验鉴定人员的缩减仍是未来的趋势。表 1 是各军种 2015 财年和 2016 财年试验鉴定人员数量表。从表 1 中可以看出美国空军的试验鉴定人员总数近两年保持在 3000 人左右。

表 1　2015 财年和 2016 财年试验鉴定人员数量表

国防部部门	2015 财年			2016 财年			变化
	文职	军职	总数	文职	军职	总数	
陆军	1932	24	1956	1881	22	1903	-53
海军	2877	451	3328	2878	494	3372	+44
空军	1781	1246	3027	1841	1241	3082	+55
其他	381	0	381	381	0	381	0
总数	6971	1721	8692	6981	1757	8738	+46

另外，根据《2017 财年美国作战试验鉴定局局长年度报告》的数据，

作战试验鉴定局自 2010 年开始缩减人员，2017 年该局共有文职 80 名、军职 17 名、承包商 28 名。按照计划，2020 财年将继续减少到 76 名文职、14 名军职和 28 名承包商。再看美军整个作战试验鉴定团队的人员情况，过去十年来各个军种都在缩减作战试验鉴定人员，从 2006—2016 年下降了 12%，主要是军职人员减少，2010 年以来保持了相对稳定，目前人员总数大约保持在 1900 名。

虽然试验鉴定人员数量不断减少，但对从业人员的技能要求却在不断提高。2017 财年，共有 308 个系统受到作战试验鉴定局的监督，系统的数量和差异性都要求高技能的团队。面对人员缺少的挑战，美军试验鉴定官员积极制定人才吸引、培训和使用政策。

(三) 试验鉴定投资情况

1. 试验鉴定活动投资

美国国防部依靠规划、计划、预算与执行（PPBE）系统编制财年预算，对项目进行投资。

研制试验经费：开展工程和研制试验的投资是由装备开发人员早在装备解决方案分析（MSA）阶段就编制预算，并基于《试验鉴定主计划》的要求进行更新。这些费用包括但不限于：采购试验件/样机、保障设备、运输费用、技术数据、试验人员训练、维修零部件，以及试验专用测量仪器、设备与设施。研制试验鉴定经费用于承包商和政府研制试验鉴定活动。军种项目经理则要为使用试验资源和开发专用试验资源支付费用。

作战试验经费：开展作战试验的经费由军种的项目管理组织规划和投资。该投资是对军种的长期试验项目进行投资，该经费的要求可以从试验资源文档和《试验鉴定主计划》中获得。

对空军而言，研发试验鉴定经费（RDT&E）是用于拨款投资研发活动相关的费用、研制试验鉴定相关的费用,以及空军装备司令部对系统或设备的作战试验鉴定支持。与初始作战试验鉴定相关的费用也是由研发试验鉴定经费投资的,而后续作战试验鉴定的费用则是由使用与维修费投资。空军作战试验鉴定中心通过自己的专用项目单元(PE)直接控制所有项目的作战试验鉴定经费。初始作战试验鉴定经理准备一份试验评审计划(TRP),总结对初始作战试验鉴定的资源要求和相关的试验支持。后续作战试验鉴定费用由空军作战试验鉴定中心或运营该系统的一级司令部投资。

2. 重大试验投资计划

中央试验鉴定投资计划、试验鉴定/科学技术计划和联合任务环境试验能力计划,是目前美国国防部设立的三大试验投资计划,如表2所示。美国国防部依托试验资源管理中心,从军事需求、技术和经济等角度综合考虑,按照严格的规程筛选出最佳的试验验证投资项目并将其纳入三大投资计划,通过促进试验技术持续、有序地发展来推动试验能力的全面提升。

表2 2017财年美国国防部三大试验鉴定投资计划投资经费

投资计划名称	经费渠道	2017财年投资
中央试验鉴定投资计划	6.6	2.19亿美元
试验鉴定/科学技术计划	6.6	0.87亿美元
联合任务环境试验能力计划	6.3	0.87亿美元

美国各军种都有自己的试验验证投资计划。美国空军大部分的投资与现代化项目都与以下两个主要计划有关:美国空军的试验投资计划和规划(TIPP)、国防部长办公室资助的中央试验鉴定投资计划(CTEIP)。在大多数情况下,由于能力不足所造成的资源需求数量很大,可用资金的竞争也非常激烈。

在空军装备司令部内,主要利用TIPP规划和设计资源,这一计划主要由空军装备司令部空中和太空作战部门全球太空战分部管理，由空军总部试验鉴定资源主管监督。TIPP 主要针对两项投资资源——重大试验验证投资计划和威胁系统研制计划，识别出空军当前试验能力"需求"和相应的"解决方案"。它提出的需求和方案包经过最终优化，在可用的经费预算限制下筛选投资计划。TIPP 以两年为一个周期执行。而新的需求和解决方案征求建议书在每个奇数日历年的 2 月份发布。

（1）重大试验验证投资计划（PE0604759F）针对除电子战之外的所有试验验证能力领域的试验验证投资项目。它支持机体、推进和航电，军备和军需品，太空，指挥、控制、通信、计算机与情报试验领域。该计划目的是通过建造新的试验基础设施，同时实现现有试验验证能力的现代化，帮助试验组织保持与新兴武器系统技术同步。然而，有限的资金要满足这两种需求，就需要在优先顺序上进行灵活权衡。

（2）威胁模拟器研制计划（PE0604256F）主要投资那些利用数字建模与仿真、硬件在回路、多频谱仿真以及"真实、虚拟、构造的"（LVC）能力的综合，开发具有代表性的高逼真威胁环境的计划。该计划还提供资金支持美国空军对外军售项目，主要是支持国外器材的采购和利用。威胁模拟器研制同样面临着开发新能力的同时实现现有能力现代化的挑战。

表 3 为美国空军 2017 财年主要试验鉴定投资计划及其他试验相关经费的汇总。

表 3　美国空军 2017 财年主要试验鉴定投资计划及其他试验相关经费表

投资计划名称	项目编号	经费渠道	FY2017 投资
威胁模拟器研制计划	0604256F	6.6	0.22 亿美元
重大试验验证投资计划	0604759F	6.6	0.71 亿美元
初始作战试验鉴定	0605712F	6.6	0.12 亿美元
试验鉴定保障	0605807F	6.6	6.8 亿美元

（续）

投资计划名称	项目编号	经费渠道	FY2017 投资
设施恢复与现代化—试验鉴定保障	0605976F	6.6	1.34 亿美元
设施持续保障—试验鉴定保障	0605978F	6.6	0.28 亿美元

三、2017 年美国空军重点项目试验进展

2017 年，F-35、AC-130J、F-22 现代化、KC-46A、MQ-9"死神"无人机等项目的试验鉴定工作都取得了一些进展。

（一）F-35 项目试验进展

2017 年，F-35 联合攻击机（图 2）项目的重点是完成研制试验，并验证同合同技术规范的符合性。该项目完成了对剩余研制试验工作的两次评审，虽然为保持进度删除了一些试验点，但仍然出现了延迟。特别是任务系统和 F-35B 飞行科学试验的延迟，预计使研制试验推迟到 2018 年的第一季度或第二季度。2017 年 10 月，该项目发布了系统研制与验证阶段的"最终"3F R6.3 批次软件，但是该版本后续仍需要两个软件升级。

图 2　F-35 联合攻击机项目

目前该项目正在为初始作战试验鉴定做准备工作,但由于一些就绪度准则不满足,包括研制试验的延迟、作战试验飞机的改进改型工作尚未完成、试验测试仪器尚未就绪、ALIS3.0延迟,以及联合仿真环境未完成验证、确认和鉴定等,估计2018年后期才能开展正式的初始作战试验鉴定。

F-35联合项目办公室计划2018年开始进入研制的下一个阶段——持续的能力开发和交付(C2D2),来解决3F批次研制中发现的缺陷,并增量式提供计划的4批次能力。但是由于最初计划中对于研制试验和作战试验分配的试验资源(如试验机、测量仪器等)都不足,导致目前关于持续的能力开发和交付的采办策略、研制和交付时间都在重新制定过程中。

(二) AC-130J"幽灵骑士"项目试验进展

AC-130J是一型中等尺寸、多发动机的战术飞机,装备有多种传感器和空地攻击武器,由9名机组人员操作,如图3所示。美国特种作战司令部通过在现有MC-130J飞机的基础上集成模块化部件的方式研发了AC-130J。

图3 AC-130J"幽灵骑士"项目

AC-130J"幽灵骑士"项目在2017年完成20批次（Block 20）的研制试验。从2017年3月15日到2017年7月20日，第18飞行试验中队以及来自第一特种作战组第2分遣队的机组人员对20批次AC-130J开展了初始作战试验鉴定，机组人员共飞行了29个架次和130个飞行小时。初始作战试验鉴定包括2017年4月开展的协同脆弱性和渗透评估（CVPA）和2017年6月开展的一次对抗评估（AA）。

对初始作战试验鉴定的初步数据分析表明，20批次AC-130J将能支持绝大部分的近空支援和空中阻断任务，但也发现一些不足，项目办公室已经着手纠正初始作战试验鉴定中发现的不足。

从2017年7月开始30批次的研制试验，并将包括几个新的能力，如综合作战系统官（CSO）站点，一个特殊的任务处理器，安装在机翼上的AGM-114"海尔法"导弹。该项目于2017年9月30日宣布形成初始作战能力。

（三）F-22现代化项目试验进展

空军在2017年8月完成的F-22A"增量3.2B"研制试验中发现了增强的外挂管理系统（ESMS）缺陷，其中一些问题被持续带入到初始作战试验鉴定。空军将一些纠正措施分散到未来的作战飞行计划（OFP）中。图4所示为F-22现代化项目。

空军作战试验鉴定中心自2017年9月开始增量3.2B的初始作战试验鉴定，并计划于2018年4月完成。增量3.2B大批量生产决策目前计划从2018年7月开始。

F-22A增量3.2B初始作战试验鉴定要求能够针对具体的敌方空中能力开展任务级外场飞行试验。但在初始作战试验鉴定开始时，空军并不能在内华达试验与训练靶场提供初始作战试验鉴定计划中要求的外场试验手段。内华达试验与训练靶场的空空靶场基础设施（AARI）测量系统提供了一种自动化实时战场形成手段，但截至2017年9月，美国空军还没有验证这些设施支持2017—2018财年增量3.2B初始作战试验鉴定的准备程度。因此，空军将缺乏手段来解决对F-22A"增量3.2B"初始作战试验鉴定在外场飞行试验中的作战任务级度量。

图4　F-22现代化项目

（四）KC-46A项目试验进展

2017年7月，KC-46项目完成了联邦航空局（FAA）波音767-2C飞机改型认证要求的飞行试验事件。该项目将继续完成FAA补充类型认证试验事件，以完成对KC-46A飞机的FAA认证。2017年10月，KC-46A开始空中加油系统的认证飞行试验，该项目预计于2019年1月或之后开始初始作战试验鉴定，如图5所示。

（五）MQ-9"死神"无人机项目试验进展

2017年5月，美国空军部署了5批次无人机（RPA）和30批次地面控制系统（GCS），2017年6月开始开展5批次RPA和30批次GCS作战操作。2016 财年，空军作战试验鉴定中心根据 MQ-9 的 5 批次 RPA 和 30 批次 GCS 的后续作战试验鉴定结果，得出该飞机并不能够利用"山猫"（Lynx）合成孔径雷达大范围搜寻固定或移动目标，如图 6 所示。

图 5　KC-46A 项目

图 6　MQ-9"死神"无人机项目

另外，后续作战试验鉴定结果还表明，MQ-9 无人机系统在搜寻任务用途方面不具备作战效能。2017 年 5 月，空军第 53 飞行大队开始了 MQ-9 系统的军力发展评价（FDE），以测试之前存在缺陷的软件和硬件更改情况。FDE 正在开展中，现已证明空军通过改进飞机发电机控制单元（GCU）和对载荷控制计算机的热操作限制，解决了 2016 财年后续作战试验鉴定中发现的 5 批次 RPA 过热问题，但没有解决试验中的雷达系统缺陷。美国空军计划从 2021 财年开始升级 MQ-9 GCS 到 50 批次配置，50 批次 GCS 研制和部署是一个重大采办工作，预计费用约为 10 亿美元。

四、结束语

总的来看，在过去的一年，美军对试验鉴定工作一如既往地重视。在试验设施方面，未来有两方面的关注点：一是注重试验设施能力的集成；二是面对未来威胁变化，聚焦改进网络试验能力和电子战试验靶场基础设施。在试验能力增强计划时采用路线图方法进行科学规划。

试验人员方面，经过几年的大幅减少，近两年基本保持稳定，未来还有小幅减少趋势。试验鉴定管理组织在未来一年随着国防部采办、技术和后勤部门的拆分，管理组织名称和隶属关系可能会发生变化。

重点型号中，F-35 的试验进度依然拖后，未来一年的试验能否按计划进度执行存在不确定性。

（中国航空工业发展研究中心　王萍）

2017 年美国导弹防御系统试验鉴定发展综述

2017 年,美国继续构建全球一体化多层导弹防御系统,通过多种试验方式不断提高导弹防御系统能力,在地/海基标准系列拦截弹、探测雷达等方面开展了多次大型试验,对反导装备的综合性能和作战效能进行了考核,促进了防御系统的能力提升。

一、拦截试验

(一) 地基中段拦截弹(GBI)试验

地基中段拦截弹是目前美军唯一一型可拦截战略导弹的拦截弹。由雷声公司研制的"能力增强Ⅱ—大气层外杀伤器"(CEⅡ - EKV),其任务是在地球大气层外拦截来袭的弹道导弹弹头,并利用"直接碰撞"技术将其摧毁。

美国导弹防御局于当地时间 2017 年 5 月 30 日宣布,成功进行首次洲际弹道导弹(ICBM)拦截试验,试验中动能杀伤器在大气层外与靶弹直接碰撞将其摧毁。这是美国地基中段导弹防御系统(GMD)自部署以来,最接近于实战拦截洲际弹道导弹的一次试验。此次洲际弹道导弹拦截试验由美国空军第 30 太空联队、导弹防御局联合指挥部、北美防空司令部联合实施。GMD 系统在试验中成功拦截了一枚洲际弹道导弹靶弹，代号为 FTG-15。

试验中，一枚洲际弹道导弹级别的目标导弹从马绍尔群岛的夸贾林环礁里根测试场发射升空。美军部署的多个发现和跟踪传感器，包括部署在外太空的导弹预警卫星、前沿部署雷达等平台，将目标信息传输给美军反导系统的"指挥、控制、交战管理和通信系统"（C^2BMC）。此外，美国部署在太平洋上的海基 X 波段雷达也及时捕捉并跟踪到了目标导弹。美军部署在加利福尼亚州范登堡空军基地的 GMD 系统在获得准确制导跟踪信息后，做出拦截方案，发射了 GBI，其携带的 EKV（大气层外杀伤器）直接碰撞摧毁了目标。

导弹防御局局长称，此次试验是地基中段拦截系统的关键里程碑。此次试验实现了主要目标，美军将根据遥测和其他数据进一步评估系统性能。

地基中段拦截系统是美国导弹防御系统的重要组成部分，从 1999 年至今共开展 18 次拦截试验，仅 10 次成功。未来，地基中段拦截系统仍然是美国反导系统的发展重点，美国在 2018 财年预算中为地基中段拦截系统申请了 8.281 亿美元，2018 财年还将开展地基拦截弹齐射试验，进一步验证地基中段拦截系统的能力。

（二）标准系列拦截弹试验

标准系列拦截弹是美国重点发展的中高层导弹防御系统，可以通过"宙斯盾"舰和陆基两种方式发射。目前，美军已部署"标准"-2、"标准"-3ⅠA、"标准"-3ⅠB、"标准"-6 型拦截弹，正在开展"标准"-3ⅡA 型拦截弹的研制。

1. "标准"-3ⅡA 拦截试验

"标准"-3ⅡA 导弹由美国和日本联合研制，美国雷声公司负责系统研制与集成，其他美国公司负责助推器、制导部分和动能弹头，日本三菱重工负责导弹第二级发动机、第三级发动机和头锥的研制。2017年美军先后开展了两次"标准"－3ⅡA拦截试验，一次成功，一次失败。

美国东部时间2017年2月4日凌晨3时，美国导弹防御局和日本防卫省在夏威夷西海岸成功开展了"标准"－3ⅡA导弹的首次拦截试验。试验中，美军从夏威夷考艾岛太平洋靶场发射一枚中程弹道导弹靶弹，"约翰·保罗·琼斯"号驱逐舰利用AN/SPY－1D雷达和"宙斯盾"基线9.C2系统成功探测并跟踪到靶弹，随后发射一枚"标准"－3ⅡA导弹，成功拦截目标。美国导弹防御局局长称，该试验是联合研制的重要里程碑，对于两国具有重要意义，将提高两国防御弹道导弹威胁的能力。

此次试验的主要目的是成功对靶弹实施拦截，此外还将对关键系统的性能进行评估，包括动能杀伤弹头、轨姿控系统、头锥性能、操纵控制系统功能、各级火箭发动机性能和分离等。动能杀伤弹头在目标搜寻、识别、捕获和跟踪方面能力均有提升。

2017年6月21日，美国导弹防御局和日本防务省在夏威夷海岸开展了"标准"－3ⅡA导弹的第二次拦截试验，试验以失败告终。夏威夷当地时间下午7时20分，美军从考艾岛太平洋导弹靶场发射了一枚中程弹道导弹，"约翰·保罗·琼斯"号驱逐舰通过舰载雷达AN/SPY－1探测并跟踪到目标后，发射一枚"标准"－3ⅡA导弹，但未能拦截目标。

2. "标准"－6拦截试验

"标准"－6Ⅰ型导弹由雷声公司研制和生产，于2013年11月具备初始作战能力。雷声公司一直在进行软件升级，开展飞行试验，提升导弹的多功能作战能力。与"标准"－6拦截弹相比，"标准"－6Ⅰ型拦截弹增加了GPS制导，提升了精确打击能力。

2017年8月29日，美国导弹防御局和海军在夏威夷海岸开展了"标准"-6导弹拦截试验，试验代号 FTM-27 E2。试验中，美军在夏威夷考艾岛太平洋导弹靶场发射了一枚中程弹道导弹靶弹，"约翰·保罗·琼斯"号驱逐舰上的 AN/SPY-1 雷达成功探测并跟踪到目标靶弹后，齐射了两枚"标准"-6导弹，成功拦截目标。此次试验是"标准"-6导弹第二次拦截中程弹道导弹靶弹，也是"标准"-6 I 型拦截弹的第二次齐射试验。

（三）末段高空区域防御（THAAD）系统拦截试验

THAAD 系统是美国第一个专门设计来对付弹道导弹目标的防御系统，作战空域横跨大气层，可以对弹道式目标飞行中段后期及末段实施多次拦截，拦截高度在 40~150 千米范围内，最大拦截距离为 200 千米。其配套的 AN/TPY-2 雷达是一种 X 波段相控阵固态多功能雷达，具备对威胁目标探测与跟踪、引导拦截弹拦截、杀伤评估等能力。

美国导弹防御局、弹道导弹防御系统作战试验局和陆军第 11 防空炮兵旅于 2017 年 7 月 11 日联合开展了 THAAD 系统拦截试验，首次成功拦截了中远程弹道导弹靶弹，试验代号为 FTT-18。

试验中，空军 C-17 运输机在夏威夷群岛北部太平洋上空发射了一枚中程弹道导弹靶弹，部署在阿拉斯加州科迪亚克太平洋航天基地的 THAAD 系统成功探测、跟踪了靶弹并齐射两枚拦截弹拦截目标。初步结果表明，试验达到了预期目标。导弹防御局局长称，此次试验验证了 THAAD 系统拦截和摧毁弹道导弹威胁的能力，THAAD 将继续保护美国公民、前沿部署力量和盟国，应对日益增长的国际威胁。美国陆军第 11 防空炮兵旅执行了此次任务，THAAD 系统发射、火控和雷达设备均按照实战程序进行，操作人员事先不知道靶弹的具体发射时间。

此次试验是 THAAD 系统自 2005 年以来进行的第 12 次拦截试验，共计成功进行了14次拦截，成功率100%。

（四）PAC-3 拦截试验

2017年9月22日，美国陆军在马绍尔群岛夸贾林环礁里根试验场成功开展了"爱国者先进能力-3"（PAC-3）"导弹分段增强型"（MSE）的首次远程发射试验，成功拦截一枚战术弹道导弹靶弹。试验验证了 PAC-3 MSE 发射装置相对于爱国者雷达的远程部署能力，以及 PAC-3 MSE 探测、跟踪和拦截威胁目标的能力。

PAC-3 MSE 导弹是 PAC-3 导弹的增强型，可以防御来自战术弹道导弹、巡航导弹和飞机的威胁。PAC-3 MSE 导弹的主承包商为洛克希德·马丁公司。拦截弹采用动能杀伤技术和双脉冲固体发动机、更大的控制翼和升级的支持系统，以提高导弹的拦截范围，提高应对导弹威胁的能力。

（五）"大卫投石索"系统拦截试验

2017年1月25日，美国导弹防御局和以色列国防部在特拉维夫南部帕勒马希姆空军基地开展了"大卫投石索"防空系统的第五次试验，成功拦截了一枚从 F-15 战斗机上发射的"黑麻雀"靶弹。该靶弹用于模拟"飞毛腿" B 型短程弹道导弹。美国导弹防御局局长称，此次试验是确保以色列具备防御目前乃至未来威胁能力的重要一步。

二、探测试验

（一）防空反导雷达（AMDR）探测试验

防空反导雷达是世界上第一部以防空反导一体化为核心的多功能双波段有源相控阵舰载雷达，采用雷达模块化组件制造方式，雷达资源高度共用，代表着全球舰载防空反导雷达的发展方向。未来将取代 SPY-1D 雷达，装备 DDG51 Flight Ⅲ 型驱逐舰，为海军提供最先进的一体化防空反导能力。2017 年共开展了三次试验。

目前"宙斯盾"系统的核心是 AN/SPY－1D 四面阵无源相控阵雷达。与之相比，AMDR 采用双波段固态有源相控阵体制，完整版包括一部四面阵 S 波段雷达（AMDR－S）、一部三面阵 X 波段雷达（AMDR－X）以及一部雷达控制器（RSC），整套系统通过统一接口与"宙斯盾"武器系统连接。AMDR－S 负责远程对空对海搜索跟踪、弹道导弹防御、支援对陆攻击等；AMDR－X 用于精确跟踪、导弹末段照射、潜望镜探测和导航等；RSC 负责提供雷达资源管理，协调与"宙斯盾"武器系统的交互关系。

2017 年 3 月 15 日，美国海军在夏威夷西海岸开展了 2017 年首次 AMDR 弹道导弹防御飞行试验。试验中，雷达成功探测并跟踪一枚从考艾岛太平洋导弹靶场发射的近程弹道导弹目标。美国海军一体化作战系统项目执行办公室项目经理表示，这是海军首次利用宽带数字波束形成雷达跟踪弹道导弹目标，将对美国海军未来作战能力产生重要影响。

2017 年 7 月 27 日，美国海军在夏威夷西海岸开展 2017 年第二次 AMDR 反导飞行试验。美国东部时间晚上 8 时 05 分，美军从太平洋导弹靶场发射了一枚中程弹道导弹靶弹，AMDR 成功探测并跟踪了靶弹飞行的整个弹道。海军一体化作战系统项目执行办公室水上传感器项目经理称，未来海军将重点提升雷达的探测范围和针对复杂目标的探测能力，验证海军新一代防空反导雷达的能力和多功能性。根据初步数据显示，本次试验达到主要预期目标。

2017 年 9 月 7 日，美国海军在夏威夷西海岸开展 2017 年第三次 AMDR 导弹防御飞行试验。当地时间下午 1 时 38 分，美军从夏威夷太平洋导弹靶场同时发射了一枚短程弹道导弹和多枚空面巡航导弹靶弹，AMDR 成功搜索、探测并持续跟踪到了所有靶弹目标。此次试验实现了主要目标，随后美国海军将根据试验数据和遥测数据继续评估系统性能。

（二）天基红外系统（SBIRS）探测试验

SBIRS 由洛克希德·马丁公司研制生产，将取代国防支援卫星系统（DSP），可提供比 DSP 更快、更精确的预警信息，提高发射点和落点预测精度。2017 年 1 月 20 日，SBIRS 第三颗地球同步轨道（GEO-3）卫星搭载"宇宙神"-5 火箭顺利发射。

SBIRS GEO-3 配备了强大的红外监视传感器，这些传感器收集数据供美军使用，以检测导弹发射，支持弹道导弹防御，扩大技术情报收集，并提高战场态势感知能力。SBIRS GEO-3 在完成初始化后将开始过渡到地球同步轨道上空约 35406 千米处并开始在轨测试与试验。

三、美国导弹防御系统试验发展趋势分析

（一）齐头并进，逐步构建多层反导体系

为应对不同类型进攻导弹武器，美国正在构建高、中、低三层反导防御体系，高层主要依靠地基中段防御系统，中层主要依靠"宙斯盾"防御系统，低层主要依靠 THAAD 和 PAC-3 防御系统。地基中段防御系统主要部署在美国本土，主要用于洲际导弹拦截。"宙斯盾"防御系统可机动部署在敌方导弹上升段附近和下降段附近分别拦截，主要用于远程弹道导弹拦截。THAAD 和 PAC-3 防御系统部署在保护区附近，对中程和短程弹道导弹进行拦截。通过这种分层拦截的模式应对不同目标，提高拦截可靠性。

（二）作战试验前移，多种试验日趋融合

美军很多反导装备的重大问题均在作战试验中暴露，传统的先性能试

验后作战试验的试验模式发现问题较晚，严重影响了武器装备的研制进度。因此，美军正在将作战试验要素逐步前移到性能试验阶段，通过在性能飞行试验中加入作战因素提前发现装备作战问题，可尽早将作战中发现的问题反馈到设计回路，加快武器装备研制进度。

（三）试验场景实战化趋势明显

美军越来越重视反导系统的真实作战效能问题，因此，美军反导系统试验实战化场景越来越明显，作战试验中的对抗性试验越来越多，靶弹模拟能力越来越强，很多靶弹带有突防措施，可以更加真实地模拟敌方导弹特性，飞行试验场景更加接近真实作战场景。

（四）逐步开展战术运用试验

随着反导装备性能逐步提高，美军开始重视拦截的战术运用问题，在2017年的"标准"6拦截试验和THAAD拦截试验中，均进行了两发拦截弹的齐射试验。齐射试验是一种典型的拦截战术运用试验，通过齐射试验一方面可以提高拦截概率，另一方面也可以研究先发弹对后发弹的干扰问题。预计后续美军将继续进行战术运用方面的试验探索。

（五）多种试验手段综合使用

仅仅通过作战飞行试验很难全面对反导系统的效能进行全面验证。因此，美军十分重视多种试验手段的综合运用，虚拟试验、地面半实物试验、飞行试验等已经形成完整的试验体系，可共同完成对反导装备的试验验证。各种新型试验技术，如建模仿真、试验设计等方法也在反导装备研制中得到充分利用。

（六）重视网络中心战等新型试验理论

随着以网络中心战为代表的新型作战模式快速发展，美军开始重视各种新型作战方法的研究和试验，针对指控系统软件安全问题开展了面向网络战的反导指控系统网络安全试验，针对探测器能力不足问题开展了探测器组网融合试验、超视距拦截试验，未来美国的导弹防御体系将具备一体化、多层次防御能力。

（七）探测系统逐步升级

美军并不满足于目前的反导探测系统能力，目前天基红外系统正在逐步替换老旧的国防支援卫星系统。正在研制的防空反导雷达进展顺利，未来将替换 SPY-1D 雷达。远距离识别雷达（LRDR）也正在方案设计中，这些新型探测系统将大大提高美军反导探测系统能力。

（八）不断开展新型拦截技术研究

针对当前导弹防御系统的不足，美国持续开展新型拦截技术的探索与试验，如美国正在大力发展的激光拦截试验，未来美国希望激光拦截器可以部署在天基、空基、海基、陆基平台上，重点解决弹道导弹的助推段拦截问题。从目前试验情况来看，空基和海基激光拦截为后续发展的重点。

四、结束语

2017 年，美军全面开展了导弹防御系统试验，地基中段拦截弹进行了首次洲际弹道导弹拦截试验，"标准"-3 ⅡA 导弹进行首次拦截试验。整体来看，试验逐步向实战化、对抗性方向发展。未来美军会继续加大试验投入，逐步提高防御装备的实战能力。

（航天科技集团十二院　张灏龙　徐熙阳　赵滟）

重要专题分析

世界武器装备试验鉴定历史演变研究

装备试验鉴定伴随着武器装备兴起而诞生,并随着武器系统的发展而发展。现代装备试验鉴定起源于第三次科技革命浪潮之初,机械化武器装备在大规模战争中广泛应用,并伴随着高新技术在武器系统中的应用而快速发展。纵观近一个世纪以来的武器装备发展历程,现代装备试验鉴定经历了初始形成、积极探索、成熟演进与持续深化等发展阶段。在这一不断演进发展的过程中,人类对现代战争规律认识持续深化,推动着科学技术与武器装备的完美结合,从而使装备试验鉴定在武器系统研发、生产与作战应用中的作用得到有效发挥,并使试验鉴定理论与技术在实践中逐步趋于完善。

一、装备试验鉴定初始形成

尽管试验鉴定活动从人类开始使用兵器即出现,但现代装备试验鉴定的兴起主要是在第二次世界大战之后。这一时期,以原子能、电子计算机、微电子技术、航天技术为代表的第三次科技革命在工程领域产生巨大突破,为武器技术性能发展注入了新的活力。在两极对峙的国际战略格局和科学技术突飞猛进的大背景下，世界主要国家纷纷组建统筹统管装备建设的现代管理体制，利用科学技术最新发展成就，推动武器装备的大规模建设，现代装备试验鉴定应运而生。

（一）装备试验鉴定的起源

人类战争使用的武器装备经历了冷兵器、热兵器、热核兵器时期，现在正向信息化武器时代迈进。随着科学技术的发展、战争形态的演变、作战理论的进步，以及武器装备发展进程加快，与之相伴的装备试验鉴定活动也在发生巨大的变革。

从现代装备研制与试验的观点看，古代兵器的试制体现了一种朴素直观的经验性摸索过程，是在人类早期认识事物和改造事物的过程中，自然形成的劳动实践与试验活动。20世纪初期，科学与技术的发展促使大量新兴技术广泛应用于武器装备研发，"装甲制胜论""制海权""制空权"等一系列战争理论的出现，也催生了装备试验技术与手段的发展。例如，美国海军在第二次世界大战之前改建了新港鱼雷靶场，该靶场的历史可追溯到美国南北战争结束后的19世纪初叶；美国陆军1917年在马里兰州建成了阿伯丁试验场，主要用于试验火炮、枪弹、车辆等军事装备。这一时期出现的武器试验靶场，是现代装备试验鉴定发展的萌芽，作为形成现代装备试验体制的先驱，标志着装备试验鉴定科学从此走上按其自身规律发展的道路。但就其性质而言，当时的武器试验场大多附属于生产制造厂或者研究机构，主要侧重于产品验收和武器研究。

（二）现代装备试验鉴定的兴起

第二次世界大战之后，各主要国家依据新的国防与军队管理体制，在冷战背景下开始大规模研发新型武器装备，也催生了现代装备试验鉴定的兴起。在这一时期,第三次科技革命浪潮蓬勃发展,科学技术出现巨大突破与跃升,并被广泛应用于现代武器系统。新型武器装备技术性能出现跨越式发展,在试验靶场开展武器性能试验成为这一时期装备建设的一项重要任务。美国作为第二次世界大战之后的新兴大国,经济与技术的快速发展推动着新一代武器装备的大量研发,对新装备进行试验鉴定成为美军装备发展面临的新挑战。美国国防部在该时期缺乏对全军装备建设的统筹管理机制,由各军种根据自身战略发展需要规划武器装备的研发计划,并根据自身装备发展需要实施试验鉴定活动。如从20世纪40年代开始,美国陆军各兵种在后勤部门先后建立了装备研究和发展机构,由各兵种完成自身武器装备的试验鉴定工作,使用试验则责成与军事学校有关的部门完成。在各自部队的控制下,每个部门只完成各自所使用装备的试验鉴定,一个部门的鉴定工作与其他部门不发生关系,没有集中的管理机构,试验鉴定工作处于一种各自为政的状态。

到20世纪50年代,由于对试验鉴定缺乏集中管理,试验周期较长等原因,新型装备在成为标准制式装备时几乎就已过时。这使美军深刻认识到,第二次世界大战后形成的一套管理原则和方法必须加以改革,以适应战后新技术的发展,否则美军的武器装备就要落后。基于上述考虑,1962年美军对其试验组织机构进行了大幅调整。陆军设立了全面负责装备试验鉴定的机构——陆军试验鉴定司令部。该机构的主要任务是对研制的新装备系统组织实施试验鉴定,支持研制工作和产品的改进。陆军试验鉴定司令部的组建,简化了装备的试验过程,减少了设计与生产之间的时间间隔,通过综合试验和协调,也可消除部分重复性工作。

(三) 试验靶场的扩张与鉴定技术理论的形成

第二次世界大战虽然结束,但各主要国家仍面临着巨大的战争威胁。

由于受到备战需求的牵引以及现代科学技术成就的支撑,主要国家武器装备建设与军事工业的发展极为迅猛,加速显现出的各种复杂制约关系导致专业和职能的重新划定,开始出现装备研制与装备试验两大部门的大规模分离。从20世纪50年代开始,大批专业化程度较高的武器试验场不断涌现。基于现代武器装备的高技术含量越来越高,试验的要求越来越严格,试验的规模和手段开始趋于全面、复杂,从而大大推动了装备试验演变成为一个相对独立的科学领域,鉴定技术也得以快速发展。

以美国为例,20世纪40年代到60年代末期,美国各军种主要从工业部门接收并改建的装备试验靶场与机构达80多个。专业化的装备试验场在数量上的大幅增加,为装备试验鉴定科学的发展奠定了基础,出现了研制方与军方(使用方)装备试验场并存,且相互制约、独立鉴定的局面。这种如雨后春笋般发展的景象在20世纪60年代末达到鼎盛期,各主要国家在军方靶场方面开始兴建大型综合性装备试验靶场,其使命任务涉及武器装备的研制、定型、生产验收和部队训练等诸多方面。

大规模现代化武器试验场的出现,是武器装备发展进程中的必然产物,标志着武器装备试验已经开始独立于研制之外,寻找并构建自己特有的科学实践与理论体系。客观来看,在20世纪60年代末之前,武器装备技术仍相对简单,对环境的敏感度也较低,而且对抗措施有限,相应的装备试验主要反映为一种单纯的工程性鉴定,试验活动仅附属于研制与生产。因此,研制人员只需关注武器系统的技术问题,主要采用的是经典的概率与统计理论,基于此人们把当时的这种做法习惯上称为技术鉴定。理论上说,技术鉴定应纳入统计测试的范畴,具体的实施方法是选定武器装备战术技术指标体系中的某些特定量,试验中保持其他事件相对不变且彼此独立,允许重复测量其中感兴趣的少数变量。技术鉴定要求战术背景比较单纯,但它是现代武器装备试验最基本的核心组成部分,广泛应用于军事装备的科研、试制、生产与定型。

二、装备试验鉴定的探索与实践

为了确保新技术装备的战场作战效能,从 20 世纪 70 年代初开始,主要国家对武器装备采用全寿命周期管理,并根据装备试验鉴定结果进行管理决策。装备试验科学也开始把武器装备全寿命阶段作为主要研究对象,为武器装备论证与研究、设计与生产、使用与保障提供决策支持。其中,将研制试验与作战试验作为装备试验鉴定的两条核心主线,贯穿于武器装备全寿命周期管理过程。随着装备试验鉴定在武器研发过程中地位作用的变化,试验鉴定理论与技术也得到快速发展。

(一) 推进装备试验与装备研发分离

冷战背景下,世界主要国家大力推进武器装备快速发展,新型武器系统高技术含量的不断增加,使装备的技术性能与作战效能明显提升。对新型武器系统技术性能和作战效能的检验与考核,成为试验鉴定工作的重要任务。由于受装备试验技术水平与能力所限,装备研制部门对部分新型装备的作用机理不完全掌握,作战部队对大量新装备部署后战场使用不熟悉、对武器装备的作战效能不了解。很多新型装备在研制过程中一味追求新技术的应用,在装备部署前几乎没有考虑作战适用性的问题。在缺乏充分试验的情况下,大规模研发与部署武器系统,导致大量装备在战场上难以发挥应有的作战效能,这种矛盾集中体现在越南战争时期。在历时 14 年的战争中,美军投入大量新型武器系统,但仍造成 5.6 万人死亡,30 多万人受伤,被击毁、击落飞机达 7000 多架,战争共耗资 2000 多亿美元。

越南战争给美军带来的惨痛教训，使其深刻认识到装备试验鉴定在新型武器装备研发中有着重要的地位和作用，特别是作战效能与作战适用性应作为装备试验鉴定的重点内容。为了深刻总结越南战争的经验教训，美国国会责成国防部对武器装备采办体制和政策进行改革。美国总统和国防部也组建专门委员会（蓝带委员会），对国防采办管理体制与政策、装备试验鉴定等进行评估，并提出有针对性的改革建议。

最初的装备试验与装备研制紧密结合在一起，主要职能是探索新技术在武器系统中应用的可行性，以及研究新型武器装备的性能特征。因此，装备试验工作主要由装备研发人员承担。随着装备技术含量的增加和武器系统规模的扩大，装备试验的内涵与职能都发生了深刻的变化，重点在于考核检验新型武器装备的技术性能与战场使用效果。这种职能与内涵的变化，不仅要求装备试验与装备研制人员的分离，而且对装备试验的组织管理、人员结构、技术手段等方面都提出了特殊的要求。在装备试验逐步与装备研制分离的过程中，装备试验理论方法、试验鉴定技术手段得到快速发展，并建立起与武器装备发展相适应的试验鉴定系统，并逐步形成了较完善的装备试验鉴定科学技术领域。

（二）确立研制试验与作战试验两种试验类型

20世纪70年代，西方主要国家从越南战争的经验教训中认识到，高技术武器装备在实战中的作战效能需要组建独立的作战试验机构进行考核检验。这一时期，美军率先在军种组建独立的作战试验鉴定机构，对武器装备作战效能与适用性进行试验，并通过实践逐步将装备试验鉴定活动确立为研制试验与作战试验两种既相互联系，又有着各自独特作用与要求的试验鉴定类型。

1. 组建独立于研制机构的作战试验鉴定部门

1969 年 7 月,通过对美国国防部的组织机构及运行情况进行系统研究,蓝带委员会研究认为,由研制部门自行实施作战试验以验证装备的作战效能,难以保证试验的有效性,主要表现在以下几方面:一是作战部队在装备发展前期不关注作战使用问题,相应的缺陷很难被及早发现;二是作战部队没有专业化的试验鉴定人员和设施,影响试验鉴定结果的科学性;三是作战部队指挥层级较为复杂,试验鉴定结果需层层上报才能到达军种参谋长,整个工作效率低下。

因此,蓝带委员会建议在国防部层面加强对作战试验的监管,在军种设立独立于研制部门和使用部门、直接向军种参谋长报告工作的作战试验鉴定机构。国防部采纳了该建议,要求各军种成立独立的作战试验鉴定机构。因此,海军作战试验鉴定部队于 1971 年正式成立,陆军在 1972 年成立了作战试验鉴定司令部,空军在 1973 年成立了作战试验鉴定中心,海军陆战队也在 1978 年成立了作战试验鉴定处。

在组建独立于研制部门的试验机构基础上,美军还加强试验鉴定政策法规建设,并要求军种根据各自实际及时制定适合的规章制度,以规范各类试验鉴定活动的开展。其中,美军发布的国防部指令 5000.03《试验与鉴定》,规定了试验鉴定活动的政策、作战试验鉴定的目的、阶段划分、时机、内容、方法、程序和必须遵循的原则。

2. 明确界定试验与鉴定的概念内涵

这一时期对装备试验鉴定的概念进行了明确定义,"试验"是指对武器装备的硬件或软件(包括模型、样机、生产设备和计算机程序等)进行实际测试,以便获取装备全寿命过程中有价值的各种数据。而"鉴定"过程则是对所获得的数据进行合理汇总和分析,以便为决策工作提供依据。尽管二者是不同的过程，但学术界之所以把它们组合在一起使用，是因为这两个步骤或过程密切相关，且都是为了同一个目的：确保研制和生产出符合作战要求的武器装备。

研制试验鉴定的主要任务是验证技术性能是否达到规定要求，工程设计是否完善。这类试验要求承包商参与，但试验计划及其监督工作则由军方研制主管部门负责。此类试验鉴定涉及内容十分广泛，复杂程度有较大差异；既有整系统的试验，也有分系统或部件的试验；既可以采用模型、模拟系统和试验台，也可采用武器系统样机或真实的工程研制模型。这类试验鉴定不仅贯穿武器装备采办全过程，而且还要循环往复，不断进行，通过"试验—分析—改进—再试验"的方式，促进新武器的设计日臻完善。

作战试验鉴定最突出的特点是由军方独立的专门机构组织实施，主要目的是考核检验新武器系统的作战效能和作战适用性（包括可靠性、适用性、协同性、可维修性与可保障性）。同时，主要国家军队特别强调作战试验要在逼真的作战环境中实施，作战试验鉴定还要对各种工程设计之间的性能进行折中平衡，并要为拟定战术、编制与人员要求，以及编写操作维修手册等提供必要的支持。

研制试验鉴定与作战试验鉴定的严格区分，既是武器装备建设发展的需要，也是装备试验鉴定发展客观规律的集中反映。不同类型的装备试验鉴定在武器装备采办过程中发挥的作用不同，管理机构、方式、技术与手段也不尽相同。

3. 试验鉴定管理模式逐步形成

试验鉴定组织机构的建立与规模的不断扩大，装备试验鉴定管理模式逐步形成。试验鉴定的管理与武器装备管理体制紧密相关，既要与各国武器装备建设管理机制相适应，又要为武器装备采办决策提供支持。经过长期实践，主要国家装备试验鉴定的管理，逐步形成了集中指导分散实施、集中管理与分阶段管理等几种模式。不同管理模式与各自武器装备采办体制和建设规模相关，也与不同国家国防工业管理体制及军事战略指导思想密切相关。

以美国为代表的一些国家，采用的是由国防部集中指导，各军种分散实施的装备试验鉴定管理模式。具体方式是在国防部层面组建具有集中管理职能的指导机构，并制定具备指导全军装备试验鉴定职能的政策法规，以及试验靶场、试验设施与试验技术发展建设的总体策略和长远发展规划。各军种设置有与国防部相对应的试验鉴定管理机构，并制定装备试验鉴定实施、试验设施建设与试验靶场使用维护的规章制度。美国之所以采用集中指导分散实施的管理体制，主要与其国力雄厚、武器装备发展规模大、装备试验鉴定任务繁重的特点密切相关。

以法国为典型代表，采用的是国防部集中统一领导的装备试验管理体制。在1960年以前，法国武器装备采办由陆、海、空三军各自分散管理，结果造成人力、物力和财力的巨大浪费。为改变这种分散管理带来的弊端，1961年法国政府决定对分散管理体制进行彻底改革，在国防部内建立一个统管三军科研和装备采购的领导与管理机构，即武器装备总署。该机构集国防科研、采购和国防工业管理职能于一体，根据各军种提出的军事需求，综合评估技术与经济可行性，统一制定全军武器装备发展规划、计划和年度预算，对装备发展的预先研究、型号研制、试验鉴定、订货采购与作战使用等实施统一管理。法国根据自身特点和国情实际，采用集中管理体制，既便于装备试验鉴定工作的统筹规划、统一建设，又有利于靶场的综合利用，尤其有利于人力、财力的通盘安排。

以苏联为代表，在这一时期采用的是军地分阶段管理模式。这是由苏联的国防科研（武器装备研制）分阶段管理体制派生而来，即军方重点抓武器装备指标论证和试验工作，而武器装备的型号研制则主要由政府及所属军事工业集团承担。具体到装备试验鉴定分阶段管理就是，当武器装备样品的初始试验模型试制出来后，首先由军事工业集团公司独立组织进行试验，经过初步鉴定并报上级批准，适时组织样品生产，并及时转入由军方组织的国家试验。苏联装备试验采用这种管理模式，是因为苏联拥有庞大的军事工业规模且自成体系。在这个体系结构中，各系统都有自己的研究所、设计局、生产工厂和试验中心（场）四大组织机构，它们互相联系，构成了武器装备从研究、设计、生产到试验相对独立、完整的层次结构体系。在试验中心配置有昂贵的试验设施和靶场设备，如大型测控设备、试验风洞和试验水池等。

4. 建模与仿真在装备试验鉴定中得到广泛应用

从 20 世纪 70 年代开始，装备试验鉴定技术手段发展的一个主要特点是，广泛应用建模与仿真技术。建模与仿真对于武器装备采办全过程的试验鉴定有着特殊作用，尤其对于作战试验鉴定，可使其前伸到全寿命周期的先期论证阶段、后延到最终的使用保障阶段，从而使后期的作战试验鉴定更加具有针对性和有效性。伴随着信息技术、计算机技术、网络技术、图形图像处理技术的飞速发展，在计算机系统中描述和建立客观事物以及事物间的关系成为可能，建模与仿真理论和技术也得到跨越式发展，并在武器装备研制与试验鉴定中得到大规模使用。

仿真试验与外场试验的结合，始见于 20 世纪 60 年代英国"警犬"地空导弹研制项目。20 世纪 60 年代末出现大系统半实物实时仿真，如美国"爱国者"导弹用仿真进行了系统设计性能预测、飞行试验前性能预测、飞行试验后结果分析，以及对全数字仿真模型进行的验证。仿真试验能够短时低耗地提供大量统计信息，如美国陆军高级仿真中心的射频仿真系统3周内可对带干扰的目标完成3000次地空导弹模拟打靶。因此，装备仿真试验作为一种新的试验手段，是对武器装备实物试验手段的有效补充，可更多地获取装备全寿命管理过程中所需的信息。

仿真试验可有效缩短装备的研制周期、减少靶场试验次数、降低试验消耗，具有显著的综合效益。根据国外专家对"爱国者""罗兰特""尾刺"等三种不同类型地空导弹型号研制过程的统计分析认为，采用系统仿真技术后，靶场试验实际消耗导弹数量降低30%～60%，研制费用节约10%～40%，研制周期缩短30%～40%。同时，利用建模与仿真技术还大大扩展了装备试验的内涵和外延，使装备试验从传统真实环境条件下的实物试验扩展到模拟条件下的仿真试验，也使装备试验从型号研制过程中部分阶段试验扩展到型号研制和使用全寿命过程的试验，并扩展到战法研究、部队训练、作战使用等多个方面。

三、装备试验鉴定的成熟与演进

20世纪80年代中期到20世纪末，以信息技术为代表的高新技术快速发展并在军事领域广泛应用，催生了以远程精确打击武器为代表的新型武器装备大量涌现。这一时期，高技术研发与新型武器装备建设成为大国争夺军事战略优势的焦点，装备试验鉴定管理体制进一步优化，法规体系逐步完善，作战试验鉴定地位作用更加凸显，并开始在武器装备采办全寿命周期管理中发挥重要的决策支撑作用。

（一）组建职责明确的试验鉴定管理机构

冷战后期及冷战结束后，世界主要国家对武器装备采办管理体制进行了大幅度改革，将试验鉴定作为武器装备发展的重要环节与组成部分，为全寿命周期管理提供决策支持。这一时期，各主要国家根据军队员额裁减、国防预算压缩、装备建设步伐放缓的实际，对装备试验鉴定管理体制与组织机构进行全面调整。主要思路与方向：一是克服"军备竞赛"时期随意设置机构造成的混乱现象；二是根据国家军队管理与国防采办体制理顺装备试验鉴定组织管理机构；三是积极应对压缩人员编制与国防预算给试验鉴定带来的冲击。

美军认为，虽然国防部成立了作战试验鉴定监管机构，各军种也成立了独立的作战试验鉴定部门，但国防部研制试验鉴定和作战试验鉴定同由国防研究与工程署的一名副署长监管，而且处于国防部采办副部长的领导下，经过 10 余年的实际运行，发现其独立性、权威性明显不够，迫于政治或利益集团的压力，军种采办决策者有时不会考虑作战试验暴露的缺陷而继续推进项目采办。为了更好监管军种作战试验鉴定工作，为国会采办决策提供客观、全面的作战试验信息，国会于 1983 年 9 月通过立法，要求国防部成立独立于研制部门、直接向国防部长报告工作的作战试验鉴定局，由该局长统一指导和监督各军种的作战试验鉴定工作。1985 年，作战试验鉴定局正式成立，局长由总统任命。从此，美军的装备试验鉴定管理形成了研制试验、作战试验分属国防部不同部门监管，相互制衡的局面。

（二）突出强调作战试验鉴定职能作用

20 世纪 80 年代后期，冷战走向结束，各主要国家相继对国防战略做出调整。同时，以电子信息技术为代表的高新技术在武器系统中广泛应用，武器装备技术性能出现大幅跃升，系统越来越复杂，战场作战保障要求越来越高。确保武器装备作战效能与作战适用性，成为这一时期装备试验鉴定关注的重点，作战试验鉴定的职能作用得到进一步凸显。

一是强化作战试验鉴定管理机构地位作用。这一时期，各主要国家在军队装备管理部门设立了独立的作战试验鉴定管理机构，并由作战部队（用户代表）在逼真战场环境中完成作战试验，对武器系统作战效能与作战适用性进行检验考核。

二是强调作战试验鉴定贯穿武器装备研发全过程。美军将作战试验鉴定工作划分为两个阶段：第一阶段是在全速率生产之前进行的作战试验，主要进行早期作战评估、作战评估和初始作战试验鉴定；第二阶段为全速率生产之后进行的作战试验鉴定，通常将其称为后续作战试验鉴定。美军强调，作战试验鉴定要及早介入武器系统采办全寿命管理过程，并为武器系统采办管理决策提供支持。

三是强调作战试验鉴定着重解决关键作战问题。美军认为，武器系统在部署、使用和维持过程中，作战适用性的关键作战问题包括是否可用、可靠（可信）、可运输、可保障等。武器系统能够投入作战使用的程度，取决于其在军事作战的一个或多个阶段完成任务的能力。美军实施的作战试验鉴定通常有两种方案：①"面向系统的适用性"，从系统的角度试验与评估适用性，判断《作战需求文件》中规定的可接受的最低使用性能是否得到满足；②"面向作战任务的适用性"，从战场作战的角度试验与评估适用性，判断武器系统的能力是否符合任务需求。后者可评估适用性对作战任务或作战任务各组成部分所造成的影响。无论作战试验鉴定以哪种方式进行，每一项试验与评价都必须判断武器系统能够投入战场使用的程度，包括试验和评价整个武器系统的硬件与软件适用性，并将适用性能与用户要求进行比较。

（三）确保试验鉴定技术发展与能力提升

冷战之后，随着各主要国家军队员额与预算的压缩，也带来装备试验鉴定能力的严重下滑。在这种背景下，各国从战略顶层规划试验鉴定体系结构，积极拓展整体能力发展空间。从 1990 财年开始，美国国防部设立了中央试验鉴定投资计划。这是一个长期性年度滚动的投资项目，目的是协调与规划国防部试验鉴定设施的投资，满足多军种试验鉴定能力需求。在 20 世纪 90 年代中期，由该投资计划资助的"2010 基础倡议"工程，就是国防部从顶层探索网络技术发展和规划美军试验鉴定网络顶层结构的重要举措，其目的是促进美军各靶场、试验设施与仿真资源之间的互操作、可重用与可组合。其中，试验与训练使能体系结构（TENA）为各种试验资源的相连提供了公共体系结构，而围绕这一体系结构开发的公共语言（TENA 对象模型）和公共通信机制（TENA 中间件）为各靶场接入（TENA）网络提供了条件。

（四）推进一体化试验鉴定对装备采办决策支持

从 1996 年修订国防部 5000 系列采办文件开始，美军大力强调采用一体化试验鉴定方法，从整体和全过程的观点考虑试验鉴定对采办过程的支持。一体化试验鉴定的观点从提出到实际运行始终在不断发展和完善，其重点是对研制试验和作战试验事件进行一体化规划与实施，减少冗余，充分利用每一次机会，避免不必要的风险，以提高试验的效率和效益。它要求所有试验鉴定相关机构（包括需求方、研制方以及承包商）共同合作，对各试验阶段和试验活动进行规划与实施，为独立的分析、鉴定和报告提供共享数据。从表面上看，一体化试验鉴定是一个试验方法的问题，但本质上它涉及对试验鉴定认识的问题，也就是试验鉴定在采办过程中的作用和地位问题。

20 世纪 90 年代，一体化试验鉴定成为各国普遍采用和实施的一种装备试验鉴定方式。在法国，为了尽量减少费用和缩短交付时间，法国国防部要求一体化项目小组尽可能设法将武器装备总署、生产装备的工业公司和军种参谋部进行的试验结合起来,尽可能使彼此受益,并利用计算、模拟和现有数据库,提供各种经济有效的方法,减少试验费用。

四、装备试验鉴定进入深化发展阶段

2000 年之后,在联合作战背景下,武器装备体系对抗的特征要求装备试验鉴定进一步树立"试为战"的基本理念,加强试验鉴定体系建设,推动试验鉴定整体能力全面提升。

(一) 加强整体谋划,为新型装备试验鉴定提供保障

新世纪以来,西方主要国家先后发动了阿富汗、伊拉克与利比亚战争,这些以高技术局部战争为主要特征的联合作战样式,对装备试验鉴定提出了全新要求。应急作战采办试验鉴定、武器系统之系统的体系对抗试验鉴定与新型毁伤机理武器试验鉴定,要求加强试验鉴定技术长远发展的整体谋划。

为了强化对试验靶场建设与试验技术发展的统筹管理,美军于 2003 年组建了试验资源管理中心。在国防部负责研制试验鉴定的助理国防部长帮办领导下,试验资源管理中心既负责试验靶场能力建设,又统筹管理美军的三个试验鉴定技术投资计划。根据武器装备发展与采办需求,美军 2004 年确定了未来一个时期试验鉴定能力需求与差距,作为规划试验资源发展的基础,并由此确定了包括陆战、空战、海战、天战、电子战、C^4ISR、武器与弹药、靶标与威胁系统、通用靶场仪器设备、试验环境等 10 个试验鉴定能力领域。在拟定各个试验领域发展计划和发展路线图的过程中,美军确定了 22 项重点技术能力予以优先发展,其中包括大量新兴能力的研发,

如分布式试验能力等。

特别是在新的试验能力建设方面,美军投入了大量资源给予充分保障。2010年以来,美军针对激光武器、电磁脉冲武器、高超声速武器(电磁轨道炮)、无人自主系统等试验能力差距,连续安排这些领域的试验科学与技术研发项目,有效弥补了这些新型武器系统的试验能力不足。从2014年开始,美军先后发布多份政策性指导文件,将网络安全纳入国防采办管理系统,要求对在研武器系统和已部署武器装备实施网络安全试验鉴定。通过对美军实施网络安全试验鉴定效果看,这一举措有效减缓了装备体系中的潜在网络安全脆弱性,提高了武器装备的作战有效性与适用性,大大增强了在对抗网络环境下完成使命任务的弹性。

(二)强化法制化管理,试验鉴定体系趋于完善

在总结长期实践经验基础上,主要国家认识到,试验鉴定若要有效地支持武器系统采办过程,满足当前和未来武器装备发展的需要,就必须不断建立健全试验鉴定体系。从主要国家装备建设特点来看,试验鉴定体系主要包括政策法规、监督管理与试验资源保障等。其中,法规政策是根本,监督管理是保障,试验资源保障是基础,三者相辅相成共同促进装备试验鉴定工作的长期协调发展。

一是建立较完善的政策法规体系。由国家立法机构制定颁布装备试验鉴定的法律法规,军队管理职能部门和军种实施管理机构发布相关指令指示,指导试验鉴定工作的具体实施与开展。同时,这些法规政策与规章制度,还随着国家军事战略与国防战略调整,以及装备建设形势与需求变化进行及时修订,使其能够发挥相应的规范与指导作用。

二是建立健全监督管理体系。外军试验鉴定的监督管理以政策法规为依据,既建立了完善的组织体系,又形成了严格的监管机制。在美军试验

鉴定管理体系中，从国会设立的相关专业委员会、国防部设置的专门管理机构，到军种参谋部设置的试验鉴定管理局或办公室，形成了职责明确、责权明晰的监管组织体系。

三是组建试验资源保障体系。资源保障既包括试验靶场建设与试验技术研发，又泛指试验经费保障、靶场资源调配与人力资源管理等内容。外军试验资源保障体系对武器系统研制部门、试验部门、训练部门、作战部门各自职责做出明确划分，并在试验鉴定管理制度文件中要求各部门既要各负其责，又要协力合作。对由多军种联合实施的试验鉴定活动，通常要根据所负责内容指定牵头部门，并根据试验任务要求协调试验资源保障和试验经费的分担。

（三）发挥网络技术优势，构建体系化试验鉴定能力

2000年之后，以信息技术为代表的网络技术、建模与仿真技术、数据采集处理与信息表征技术的快速发展，为信息时代联合作战背景下装备体系对抗带来机遇，同时也为联合任务环境下装备体系试验鉴定带来挑战。10多年来，以"真实、虚拟、构造的"（LVC）为基本内容的装备研发与试验鉴定联合环境建设，成为各主要国家装备试验发展的一个重要手段，得到高度重视与快速发展。

在20世纪90年代"基础倡议2010"计划与试验训练使能体系结构建设基础上，美国国防部于2004年11月发布"联合环境下的试验路线图"，规划了联合实验、采办、试验与训练的战略目标，提出从暂时能力、持久能力、全面交互能力三个阶段实现联合任务环境能力。该路线图提出的建设目标是：在LVC任务环境下建立解决方案，以满足系统工程、互操作性、信息保证（网络安全）试验鉴定、研制试验鉴定、作战试验鉴定、一体化试验鉴定及部队作战演习训练等各种需求。

"联合环境下的试验路线图"强调,联合环境下的试验通常不可能在任何单一的试验设施上进行,需要把现代网络和迅速发展的仿真能力作为克服单一设施局限性的手段,使功能上不同、地理上独立的试验设施表现为一个整体。2005 年,美军启动了联合任务环境试验能力计划,其目的是为美军的分布式试验设施提供网络化的互操作手段与能力,使用户能在联合环境下对各种作战能力进行快速的试验。联合任务环境试验能力计划所要发展的能力,实际上是一种 LVC 的试验能力,它基于试验与训练使能体系结构技术开发,可在用户指定的联合任务环境下为整个采办项目的发展、研制试验、作战试验,以及互操作能力认证提供支持。目前,联合任务环境试验能力已经在国防部范围内建立了"真实、虚拟、构造的分布式环境"(LVC – DE)。2009 年 5 月,美国国防部作战试验鉴定局启动了联合试验鉴定方法——迁移(JTEM – T)项目,目的是将开发的方法与程序集成到美军实施的试验项目中,并以作战试验机构为开端,推动能力试验方法与程序在武器系统体系试验鉴定中的应用。

(四)强化试验鉴定地位作用,为装备建设提供支持

分析外军装备试验鉴定发展与演变过程,其中既有成功的经验与做法,也有失败的教训及导致的问题。失败的教训与导致的问题可归纳为两大方面:一是对装备试验鉴定地位作用认识不足,以及由此产生的不良后果;二是对装备试验鉴定投资、基础设施建设和人力资源保障等弱化,带来从试验鉴定技术发展与能力滞后于装备建设需求的突出矛盾。

1999 年,美国国防科学委员会关于装备试验鉴定能力的特别工作组在其报告中,曾将装备试验价值的衡量问题作为一个重大问题提出来。该报告认为,在从国防部到各军种的试验鉴定管理机构中,都没有有效衡量试验鉴定所产生价值的方法、标准与目标,即对试验鉴定的地位与作用无法进行评定，也无法确定装备试验鉴定的投资回报。这直接导致国防系统采办界对装备试验鉴定产生一些不正确的看法，进而使采办界对装备试验界产生不信任。有些武器系统项目采办管理人员甚至认为，"冗长的试验周期是系统缺乏效率的证据"，"试验是推动采办项目进入下一个里程碑需要克服的障碍"。其后果是一些采办项目的试验不够充分，某些试验活动甚至被"豁免"。据当时统计，由于前期试验活动开展不充分，导致66%的空军项目由于主要系统或安全方面存在缺陷，不得不停止作战试验；约80%的陆军系统在作战试验中甚至达不到一半的可靠性要求。而海军陆战队的V-22"鱼鹰"项目由于费用和进度压力而减少了研制试验项目。

在装备试验鉴定投入、基础设施建设与人力资源保障方面，西方主要国家也经历了从压缩到加强的变化过程。20世纪90年代，主要国家都对国防预算进行持续缩减，军事人员与机构大大压缩，导致装备试验鉴定人员、经费和基础设施保障能力出现大幅下滑，严重影响到装备试验鉴定工作的质量。为此，美国国防科学委员会在1999年成立了针对装备试验鉴定能力评估的特别工作组。该工作组经过调查分析在2000年12月提交的最终报告中指出，试验鉴定对21世纪美军建设发挥着重要指导作用。该报告得到美国国会的认可，国会采纳了特别工作组的建议，指示国防部成立专门的试验资源管理机构，对美军重点靶场、试验技术投资规划与试验鉴定人员培养进行统一规划，并对国防部的试验投资进行综合管理。

（军事科学院系统工程研究院　刘映国）

世界武器装备试验鉴定发展趋势分析

装备试验鉴定是通过规范化的组织形式和试验活动,对装备战术技术性能、作战效能和保障效能进行全面考核并独立做出评价结论的综合性活动,贯穿于装备论证、设计、研制、生产、使用全过程,是装备建设决策的重要支撑。装备的发展经历了冷兵器、热兵器、热核兵器时代,现已进入信息化装备时期。装备试验伴随着装备的出现而产生,随着装备现代化前进的步伐而发展,从简单到复杂,从低级到高级。以美国为首的世界主要军事强国,正在现代高技术迅猛发展推动下,不断创新作战概念与国防技术,引领装备发展前沿,夺取信息优势和空间优势的装备、导弹攻防对抗装备、多功能隐身化主战平台、精确制导武器等大批新型武器装备涌现,进而催生与之相适应的装备试验鉴定新理念、新模式和新技术。

一、未来装备发展趋势

在信息时代,武器装备仍是实现国家战略目标的重要物质基础。随着信息技术的飞速发展,世界武器装备也随之进入跨越式发展阶段。为在新的国际战略格局中占据有利地位，各军事强国利用科学的手段，在战略威慑、电子信息、网络空间、精确制导、无人自主等领域积极变革、争夺军事优势，不断优化武器装备体系。

（一）战略武器日趋多样化

战略武器是一个国家综合实力的重要组成要素和显著标志。其发展与组成各国并不一致，同各国的安全环境、军事战略目标、科技水平等因素密切相关。总的来说，发展核常兼备的战略武器，谋求威慑手段的多元化，是其未来发展的主要趋势。精干、可靠的战略核武器将是战略力量的核心，核武器及其相关技术的发展依然将受到高度关注。与此同时，新型战略力量将日趋成熟完善，军事强国将全面拥有远程常规精确打击武器、导弹防御系统、空间对抗武器、网络进攻技术与装备等多样化的战略力量，成为大国之间制衡的新的重要手段。

（二）电子信息系统将持续高速发展

电子信息系统发展的主要方向：一是利用光纤、卫星、栅格等技术的新成果，建设陆海空天全维覆盖、各军种通用的新一代国防信息基础设施，实现高速宽带、资源丰富、天地一体；二是利用网络、人工智能等技术提高作战指挥的连通性、协同性和自主决策能力，实现指挥控制系统高效决策、认知共享、灵活同步；三是利用软件无线电、认知无线电、自主导航等各种新技术，提高通信速率、动态组网能力以及导航精度和抗干扰性，实现通信导航系统高速率、高精度和高可靠性；四是通过陆、海、空、天各种探测装备的信息融合，实现情报、侦察、监视网多维一体化，持续进行全面的战场态势感知。

（三）网络空间领域将与信息战高度融合

随着信息和网络上升为国家军事体系运作的命脉，发展以网络对抗为代表的信息战能力,将成为军事大国武器装备发展的热点之一。当前,美国、日本、印度以及包括俄罗斯在内的大多数欧洲国家都已拥有成建制的、用于网络攻击的特种部队,掌握了病毒攻击、黑客、电子射频干扰、分布式拒绝服务等网络攻击技术。未来,网络攻击技术的自动化程度和动态应变能力将空前提高,远距离计算机病毒无线注入技术、病毒隐藏技术、网络攻击突防技术等将更加成熟,网络攻击的手段将更难发现。信息战装备从主要依靠信号层面的电磁能力压制与反压制,拓展到信息层面的控制与反控制,朝着功能一体、攻防一体、网电一体的方向发展;可能出现兼具通信、探测等支援功能,电子干扰、压制和摧毁等攻击功能,以及网络战功能的综合电子战装备;多节点、分布式、自组织的网络化对抗系统将会得到快速发展。

(四)精确制导武器性能进一步提高

新型精确制导武器种类、射程和精度将进一步提高。未来,军事强国制导武器主要发展方向:一是将有更多的普通弹药发展为精确制导武器;二是远程化,保护携带平台的相对安全;三是网络化,采用新的通信技术发展保密性更强的弹用数据链系统,从而实现对目标的灵活捕捉和实时战损评估能力;四是精确化,重点研究多模式/复合制导技术,使弹药的圆概率误差进一步降低;五是低成本,利于战场大量使用。

(五)无人平台自主化将不断提升

进入 21 世纪以来,可执行情报、侦察、监视、武装打击等多种任务的无人装备受到各国的高度重视。尽管无人平台的打击能力处于起步发展阶段,但世界各主要国家已将执行打击任务作为无人平台的重要发展方向之一。未来,各国将致力于发展兼具信息支援能力和火力打击能力的察打一体化无人装备。

从各国思路来看，情报、监视、侦察仍是无人装备的重点发展领域。一方面，各国的发展计划中专门执行情报、监视、侦察任务的无人装备仍占重要比例；另一方面，某些以执行其他作战任务为第一任务的无人装备，仍将情报、监视、侦察能力列入第二或第三任务。随着传感器、载荷、信息处理、目标识别等关键技术的发展，无人平台的自主化程度将不断提升，将实现全天候、全天时、高分辨力、移动/静止目标侦察监视；能够识别目标物类别、组分、分布、形状及其他特性，所获取的信息更加丰富、准确；能够有效穿透重度的云、尘、雾以及地面的森林树冠进行成像，探测隐蔽物体的能力进一步增强；部分无人装备将可实现自主决定作战路线、自主规避障碍、自主打击、回收和降落，持续任务执行能力大幅提高。

（六）空间攻防技术逐步实战化

随着空间技术的迅速发展及其在现代战争中的广泛应用，空间已成为维护国家安全和利益至关重要的战略制高点。世界各主要国家越来越重视空间力量的发展，纷纷制定空间装备发展战略，围绕着"进入空间""利用空间""控制空间"，大力发展应用卫星和空间对抗装备。未来，一次性使用运载火箭仍然是执行航天运输任务的主力；天基信息系统向多手段结合、多轨道配合、多星组网方向发展；空间攻防装备实战化水平不断提高，成为抢占空间制高点的重要手段。

二、未来装备发展对试验鉴定发展的要求

（一）未来装备发展对试验鉴定理念发展的要求

试验鉴定理念，即试验鉴定机构组织实施试验鉴定活动的观念和信念以及秉承的原则和指导思想，是影响试验鉴定机构开展试验的一种思维和

意识。试验鉴定理念的创新发展，是推动装备试验鉴定创新发展的灵魂，指导着试验鉴定模式和技术的创新。因此，未来装备发展对试验鉴定发展的需求，首先是对试验鉴定理念发展的需求。随着高新技术装备向一体化、信息化、智能化的方向发展，对装备试验的发展不断提出新的要求，集中地反映在装备试验发展中出现的许多新情况、新问题，迫切需要从试验理念上实现创新。

（二）未来装备发展对试验鉴定模式发展的要求

试验鉴定模式，是在一定时期内相对稳定并具有代表意义的，针对装备的性能指标和作战使用问题所采取的对其进行考核验证的做法与程序。试验鉴定模式的创新发展，是推动装备试验鉴定创新发展的立足点，有助于高效完成试验任务，有助于按照既定思路快速做出一个好的试验设计方案，并且得到解决问题的最佳方法。

（三）未来装备发展对试验鉴定技术发展的要求

试验鉴定技术，是完成装备试验鉴定活动所需要的方法和手段，是人们在长期的装备研制与发展过程中积累起来的，并在试验中体现出来的经验和知识。试验鉴定技术的创新发展，是推动装备试验鉴定创新发展的内在动力。因此，未来装备发展对试验鉴定发展的需求，一个很重要的方面就是对试验鉴定技术发展的需求，也就是对试验鉴定理论在试验鉴定活动中具体应用的需求。不同试验中的任何一个实际问题的解决都离不开试验技术的支持。例如，对于武器系统命中精度试验，随着武器系统命中精度的不断提高，在科学的试验理论指导下，需要不断研究和改进测量技术并革新改造或研制相应的测量设备，才能不断提高测量能力和技术水平，适应装备试验测量任务的需求；在电子战装备仿真试验中，如何形成复杂的电子战环境和干扰目标，需要研究和应用电子战仿真试验技术，形成满足试验需求的电磁信号环境和被干扰的目标条件;为了提高试验数据的处理能力,需要研究和应用试验数据处理技术;为了提高装备的战技术性能和作战效能、适用性的评估能力和水平,需要相应研究不同装备试验结果的评估技术等。

三、试验鉴定理念发展趋势

(一)体系化建设是装备试验鉴定持续健康发展的关键

根据系统科学理论,"部分一旦按照某种方式组成系统,就会产生出只有系统整体才具有而部分或部分总和不具有的属性、特征、行为、功能等新的整体性"。体系化是武器装备从机械化迈向信息化过程中出现的新形态,是武器装备在高度机械化的基础上,通过数字化、系统集成及网络化等高新技术改造,整体结构与功能实现一体化的结果。装备发展的体系化趋势,已成为当今世界军事大国武器装备发展主流,也对装备试验鉴定提出新要求。坚持体系化建设,成为装备试验鉴定持续健康发展的关键。

体系化武器装备试验鉴定,是体系化作战对生成特定作战能力的全面考核与检验。一是考核与检验统一的标准规范。统一的标准规范构建的系统,能使作战效能的数量线性累加转变为信息结构的非线性跃升。二是考核与检验网络环境。栅格化的网络环境打破了纵向为主、逐级传递的传统信息流动方式,使作战体系不再受指挥层级和指挥序列的束缚,在作战中可根据需要,实时地按级和越级、纵向和横向无障碍地传递各种作战信息。三是考核与检验各功能系统的效能。各功能系统的效能是指预警探测、信息传输、指挥控制、实时打击与各种保障系统的有机融合,为作战提供时空连续的精确、实时、可靠的信息支持与打击。四是考核与检验贯穿末端的信息链路。即可把传感器、指挥控制、主战武器平台联为一体，为各军兵种达成"行动点上的联合"提供支撑。因此，装备试验鉴定的体系化建设，是顺应装备建设发展需要对试验鉴定理念进行的创新，旨在考核与检验完成特定任务的武器系统族或武器体系的整体作战效能，是基于武器装备体系作战能力的一种试验理念。

（二）为装备建设提供有力支撑

未来，武器装备试验鉴定仍将作为武器装备采办的有机组成部分，以及确保战斗力可靠生成的关键要素，继续为采办决策和装备建设提供有力支撑。

目前，美军采取研制试验鉴定与作战试验鉴定双线并行贯穿采办全程的做法，英、法等国采取以不同类型试验鉴定在采办不同阶段串行实施的做法，有效确保了装备在研发、生产与部署过程中的战技指标、作战效能和适用性都能得到充分检验和考核。此外，为了保证武器装备战斗力可靠生成，美军遵循"战争如何打，装备就如何试"的原则，在国防部一级设置权威的作战试验鉴定顶层监管机构，各军种组建独立的作战试验鉴定实施部门。上述这些做法，不仅有效降低了装备的研发风险，持续支撑装备采办决策，还在贴近实战的逼真环境中对装备的作战效能与适用性进行了严格检验和考核。

（三）引领作战概念和先进技术发展

对手如镜，能映出自身实力的强弱；对手如磨刀石，能助力成长、走向成功。未来的试验鉴定，在继续秉持有效检验武器装备真实性能和作战效能的理念基础上，将更加注重"对手"角色的扮演，把超前的作战理念和先进技术融入试验鉴定中，全力打造贴近实战的试验环境，在对武器装备真实性能和作战效能进行有效检验的同时，引领未来作战概念和装备技术的创新发展。

四、试验鉴定模式发展趋势

（一）一体化实施，多部门联合

一体化试验是一种一直得到强调和重视，并不断发展完善，未来仍将继续坚持的试验模式。其重点是对研制试验和作战试验事件进行一体化规划与实施，在研制试验过程中尽可能考虑后续的作战试验活动所需的真实作战环境。同时，作战试验鉴定应尽可能地使用研制试验鉴定中所获得的数据和信息，加强两种试验鉴定类型和活动的结合与一体化，有利于及早发现武器系统性能的不足，减少冗余、充分利用每一次机会、避免不必要的风险，解决试验效率和效益问题，有效推动整个试验鉴定进程的发展。它需要需求部门、研制部门、试验部门和合同部门，以及与训练部门和用户部门共同合作，从需求确认到装备性能检验，统筹规划采办各阶段的试验鉴定活动，同时强调多种试验手段的综合应用。

（二）坚持能力主线，全要素检验

以能力为基础的全要素试验，能够将试验目标、计划、实施等问题与装备使用部署所涉及的作战、保障等全要素相关联，以系统是否达到要求的作战能力、是否具备完成相应作战任务的能力为准则。这种试验模式可增加试验的灵活性，未来仍将得到重视和发展。

美军一直坚持将试验鉴定工作尽早纳入需求定义过程中，要求试验鉴定人员寻求各种可能的机会参与到需求生成和需求评估中，以尽早向计划办公室和军种领导层明确作战与试验关心的问题，帮助其准确理解作战意图、任务与系统量度、研制试验与作战试验一体化、将性能结果转化为任务效能指标等方面的内容，从而确保在整个联合能力需求生成过程中作战需求是可测试、可评估、可量化、可测量和合理的。需求生成过程产生的能力文件，将在装备全寿命周期中得到不断的拓展、完善，逐步细化为装备战术技术指标。美军以此为能力依据，通过执行各类试验，鉴定新装备对体系能力需求满足程度，等价为对体系贡献率的大小。

（三）虚实结合，远程实现

未来，试验鉴定将更加注重采取虚实结合的模式，从被试装备、测试环境和结果分析三个方面入手，通过远程控制实现全域环境下所有装备真实性能的有效鉴定。

在被试装备方面，不仅重视现有装备的有效鉴定，还将重视仿真模型的有效验证。将仿真模型作为"仿真预测—实装试验—结果比较"的核心，同时做好试验前仿真模型的校核、验证和确认，以及实装试验后仿真模型的校正和更新。

在测试环境方面，未来的试验环境将以联合任务为背景，以"真实、虚拟、构造的"（LVC）为手段，一方面将实装试验、人在回路试验和全数字化仿真等各类作战试验资源融合，另一方面通过有线/无线通信宽带连接分布在不同地理位置的靶场和试验站点，构建一种联合分布式的试验环境。充分利用"虚拟的"和"构造的"系统在减少实装消耗、降低试验成本、提高试验效率等方面的优势，并很好地集成到"真实的"系统中，使用户能够在联合任务环境中研发和试验作战能力。

在结果分析方面，对外场实装试验原始数据进行采集和处理后，注重有效运用数据分类与聚类等分析技术。首先，定量检验实装试验与仿真分析预测这两类结果的一致性；其次，进一步确认仿真有效性和正确性；最后，判断实装试验结果是否达到试验鉴定准则所制定的标准，并得出在不同作战环境下,装备技术参数、装备战术性能和体系作战效能的一致量化结论。在此基础上,进一步根据实装试验数据校正更新仿真模型,并基于贝叶斯网络等定量推理技术,定量外推体系作战效能的提升程度所要求的装备战术指标应达到的水平,由此提出装备改进的需求建议。

五、试验鉴定技术发展趋势

(一)新型武器系统试验技术

随着美国"第三次抵消战略"的提出,自主系统、网络系统和高超声速武器等新技术武器系统引起各国关注,也成为打赢未来战争的决胜之关键。同时,对这些新技术武器系统进行试验,以引领未来试验鉴定技术发展,也将更具有挑战性。

一是自主系统试验。未来,自主技术将为试验鉴定带来变革。当被试系统出现自适应、自学习、集群控制等特点时,传统的试验规划与实施程序已不能适应其对试验鉴定提出的新要求。那么,如何捕捉结构配置信息(如知识状态)来进行试验后分析?如何通过充分的试验建立起作战人员的信任,使其愿意交出操控权,由装备进行自控制,甚至愿意将生命托付给装备?这都将是未来试验鉴定必须解决的技术难题。

二是网络系统试验。未来的武器系统,都离不开网络系统给予的防御和攻击能力。与自主系统一样,如果没有建立起信任,将无法有效使用网络系统,因此必须对其进行充分试验。当前,网络系统试验所面临的难题是,对所有可能的变量逐个进行全部路径或线程校验。未来,自动化试验和"白箱"试验将成为有效解决这一难题的关键技术。自动化试验充分借助人工智能技术,能确保找到最具危害性的威胁变量;"白箱"试验可以将试验人员尽早纳入设计和研制阶段,确保充分运用以往的试验经验。

三是高超声速武器系统试验。高超声速武器系统因其航程远、速度快、响应时间短、难以侦察等特点,在军事上具有极其重要的意义。对该类武器系统进行试验,不仅要求试验靶场地域宽广,试验数据采集、传输、处理技术先进,还要求地面试验技术超前,以降低高超声速技术研发过程中的飞行试验成本。

(二) 贴近实战的环境构建技术

为了对体系化装备进行有效评估,同时解决全实装试验成本巨大、过程难以重复的问题,美军提出基于 LVC 的联合任务环境试验能力计划,旨在提供一个稳固的试验基础结构,并将各种 LVC 的试验资源和试验设施高效费比地连接起来,构建出一种联合分布式的试验环境,使国防部用户能够在联合任务环境中研发和试验作战能力。其中,"真实、虚拟、构造的分布式环境"(LVC – DE)是联合作战任务环境的理想构建方式,可以灵活发展和构建具有作战代表性的联合任务环境,这是全实装试验所不能比拟的,能很好地解决试验环境构建过程中成本、真实性与复杂性之间的矛盾。未来,美军将建立连接全部试验靶场的永久性分布式试验鉴定基础设施,在全军推广分布式试验鉴定能力,所制定的方法规程将写入试验鉴定政策制度中,为在真实的试验环境中对装备效能进行全面试验鉴定提供支持。

(三) 靶场先进仪器系统技术

信息技术快速发展,战场环境越发复杂,各类装备对性能的要求越来越高,这就要求用于装备试验的靶场应拥有完备的雷达、遥测等感知设备设施系统,具备高精度、实时化的数据采集、处理与分发技术,才能满足高精尖装备快速研发、定型与部署的需要。因此,基于网络的数据管理技术是世界主要军事强国开展靶场信息化建设的重要内容。美军于 2016 年授出的"通用靶场一体化测量系统"（CRIIS）生产合同，将在7个靶场使用该系统，以实现在 GPS 拒止环境下也可提供精度为亚米级的高度动态时空位置信息数据，同时确保数据传输的安全可靠，实现最大化地多靶场互操作。

（军事科学院系统工程研究院　任惠民）

一体化试验鉴定在美军飞行武器研制中的应用

装备试验鉴定是指依靠独立公正的试验机构，通过贴近实战的全面试验考核，对装备战术技术性能和作战保障效能做出全面评价结论的综合性活动。它贯穿于装备发展全寿命过程，是装备采购管理的重要环节，是装备建设管理决策的重要支撑，是改进提升装备性能效能、发现问题缺陷、确保装备实战适用性和有效性的重要手段。试验鉴定工作强调特定性能指标数据的采集和分析评估，其目的是在武器系统开发和采办过程中为决策和风险管理创造知识。

飞行武器主要包括军用有人/无人机、战术导弹、战略导弹，以及临近空间作战平台等，是装备的重要组成部分。美军飞行武器的试验鉴定管理采取国防部统一领导，陆、海、空三军分别实施相结合的集中指导型管理体制，主要试验靶场包括陆军白沙导弹试验中心、夸贾林导弹靶场，海军太平洋导弹靶场，以及空军的第45航天联队、第30航天联队、阿诺德工程与发展中心（AEDC）、内华达试验与训练靶场、空军飞行试验中心、犹他试验与训练靶场、第46试验联队等。从具体组织形式上看，20世纪40—60年代，主要为装备研制方与军方试验靶场并存，独立试验、各自评估鉴定的模式；从冷战末期到20世纪90年代，随着导弹、卫星等综合技术水平越来越高、结构越来越复杂的装备出现，对装备试验鉴定的要求也越来越高，分散、单一的试验靶场难以独立完成某些综合试验任务。因此，美军逐步推进试验靶场和试验资源之间的联合共享、真实与仿真试验设备互操作，依托信息与网络技术形成了联合试验与评价机制。近年来，美国空军阿诺德工程与发展中心提出了一体化试验鉴定方法，旨在对各种试验活动和方法、各类试验资源实施统一管理和规划，实现试验信息综合利用，以加速武器装备研制周期，降低研制风险和费用，提高装备试验效率和效益。该方法提出后得到了美国国防部的重视和倡导，在美军飞行武器试验鉴定中得到了成功应用。

一、一体化试验鉴定的概念与内涵

一体化试验鉴定的概念是指所有试验鉴定相关机构（尤其是研制试验和作战试验鉴定机构，包括承包商和政府组织）共同合作，对各试验阶段和试验活动进行统筹规划和实施，为独立的分析、评估、鉴定提供共享的数据。对一体化试验鉴定的理解，应该从体系的视角出发。图1展示了应用于飞行器系统的一体化试验鉴定多维度概念模型，该立方体的体积反映出开发整个系统所需要的全部资源，一体化试验鉴定的目标就是将图1中立方体的体积减到最小，即最大程度地减少仿真中所需要的资源、减少系统综合过程中的意外情况以及减少采办研制时间。

（1）装备研制各个阶段试验的一体化。尽可能将研制试验鉴定阶段与作战试验鉴定阶段的试验合并，避免重复试验。例如，美国陆军试验鉴定司令部下属的作战试验司令部和陆军鉴定中心等机构，负责研制试验和作

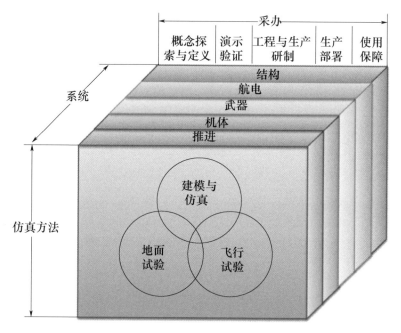

图1 一体化试验鉴定的多维度概念模型

战试验的管理和协调工作，折中考虑研制试验与使用试验的不同要求，争取通过一次试验搜集到足以满足研制试验与使用试验所需的数据。由于采取了以上措施，"铜斑蛇"激光制导炮弹已少使用764发试验弹，节省经费230万美元；"海尔法"反坦克导弹研制中少发射90发弹，节省费用1.38亿美元，并提前一年装备部队。

（2）装备各分系统的一体化。任何复杂的武器系统都是由若干子系统组成的，如飞行器系统包括机身、推进系统、电子系统等。传统上，由于支持每一个子系统的技术团体是各自独立的，新系统开发的最初过程中，子系统各自有独立的学科、工序、实践惯例，它们在各自"平行线"上开发，极少有重叠发生，直到研制过程末期才进行集成。这时可能发生各种预想不到的问题。若通过采用一体化试验鉴定思想，将整个系统尽早综合评估,可有效缩短研制周期,并使首次系统正式集成试验,如飞行器首飞中可能发生的综合问题达到最小化。例如,对飞行器系统,可通过建模与仿真方法构建起如图 2 所示的虚拟飞行器系统或"铁鸟"仿真试验系统,在地面对各个关键功能系统进行综合试验,特别是解决各种系统间与设备间的接口可靠性问题,以保证整个飞行器系统的高可靠性。美国空军的先进战斗机 F-22 和波音公司的波音 777 等民用飞机都建立了大型的地面实验室进行系统综合试验。

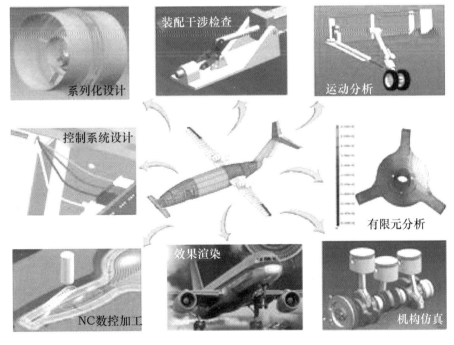

图 2 虚拟飞行器系统

(3) 研究手段的一体化。试验鉴定的基本方法包括建模与仿真、地面试验以及飞行试验。一体化试验鉴定的实质就是充分发挥三大手段的各自优势,加强三大手段的相互融合。对飞行武器而言,飞行器几何建模、流场数值仿真及飞行仿真为揭示地面风洞试验与飞行试验获得的包线提供了一种分析方法，地面试验为需要详细计算求解区域或飞行试验必须研究的包线区域提供了一种手段，而飞行试验为分析地面模型的预测与假设是否真实可靠提供了一种真实的试验环境，以便据此做出改进。三种手段结合的核心是在开展地面试验的同时进行建模仿真，利用地面试验结果进行验模，然后一方面利用模型来预测和优化类似的地面试验，另一方面将模型推广应用到飞行状态，利用飞行试验数据反馈校验模型，三者之间的关系如图3所示。通过这一方法，能够以最低费用和最短时间提供最多的有用信息。

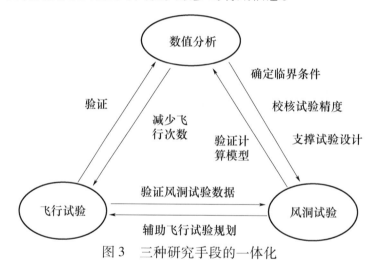

图3　三种研究手段的一体化

二、一体化试验鉴定在美军飞行武器研制中的应用

美军新修订的5000系列防务采办文件和2005年1月颁布的《试验与评价管理指南》中特别强调了一体化试验鉴定方法，要求在武器系统整个采办过程中，项目经理应与用户以及试验与评估机构一起，将研制试验鉴定、作战试验鉴定、实弹射击试验、系统族互用性试验、建模与仿真活动协调成为有效的连续体，并与要求定义以及系统设计和研制紧密结合，采用单

一的试验大纲,形成统一和连续的活动,尽量避免在武器研制阶段进行单一试验和重复性试验,力争通过一次试验获得多个参数,以显著减少试验资源和缩短研制时间。目前,美军在多个项目中都引入了一体化试验鉴定的思想,美国空军阿诺德工程与发展中心、美国空军飞行试验中心、美国海军空战中心以及美国两大航空产品主承包商波音公司和洛克希德·马丁公司等都采用了这种方法,来支持F-15、F-16、B-1B、联合直接攻击弹药(JDAM)、F/A-18、F-22、F-35等多种航空武器装备,以及机体/推进一体化的研制和改进工作。

(一)在外挂物分离问题中的应用

飞机外挂物分离(也包括内埋武器分离)是一体化试验鉴定应用最为典型,也最为成熟的一类问题,下面给出美国空军阿诺德工程与发展中心研究这一问题的详细步骤。其整体思路是:①风洞试验对仿真过程的确认;②飞行试验对仿真的确认;③利用经过验证的仿真方法来进行分析。其中,仿真确认主要依靠风洞试验数据,飞行试验数据起最终的校核作用。

1. 仿真预测方法与风洞试验数据的对比

如图4所示,首先通过风洞试验数据对仿真方法进行确认。气动数据生成和轨迹预测仿真主要有三种方法:轨迹生成方法(TGP)、流场载荷影响预测的轨迹生成方法(FLIP TGP)和计算流体力学(CFD)方法。以FLIP TGP为例,其基本流程如下:①输入未带外挂物情况下的飞机流场;②自由来流下的外挂物气动特性;③外挂物和飞机比较接近情况下的气动特性。其中,自由来流下的外挂物气动特性用于对获取气动特性的半经验计算方法导弹分布式载荷(MDA)进行校核;为获得飞机流场对外挂物载荷的影响,利用MDA方法计算外挂物在飞机流场和均匀流场中的气动特性,二者的差值近似为飞机流场对外挂物载荷的影响,如果需进一步考虑飞机与外挂物之间的相互作用，可结合第三部分输入数据，即几组外挂物和飞机不同相对位置下的气动特性，做进一步的增量分析建模，得到最终的气动载荷，最后再加上一些非气动的载荷，如弹射力等，即可进行外挂物分量轨迹和姿态仿真。

实际上，目前采用计算流体力学方法直接求解这一问题已属于常规技术，但FLIP TGP的计算效率高，在美国空军阿诺德工程与发展中心仍是其主要分析工具。

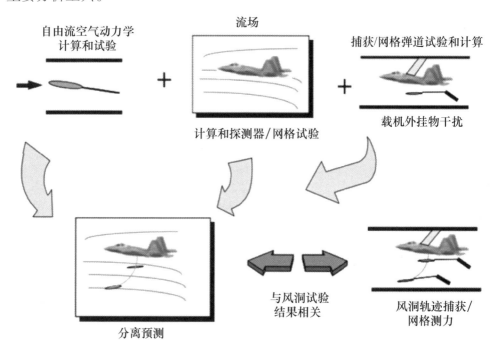

图4 风洞试验数据对仿真方法的确认

2. 地面仿真预测与飞行试验数据的对比分析

仿真方法通过风洞试验验证后，还需进一步与飞行试验对比，这一对比过程中，可能既包含对已经识别的现象的确认，但同时也通常存在一些仿真预测和飞行试验数据相关性差的情况，这是由于一些重要的物理现象没能被包含在仿真模型中，把它们称为"没有被仿真的因素"。解决的策略一是将前期的飞行试验作为识别"没有被仿真因素"的信息源；二是一旦被识别，建立描述这些现象的合理模型并加入仿真，使飞行试验和地面仿真数据尽可能吻合。在 F/A-22 外挂物分离试验鉴定过程中，"没有被仿真的因素"被分为了以下四类。

第一类：不知道的因素，不能理解的现象，同时也没有包含在地面仿真中。

例如，F/A-22 的 AIM-120C 导弹分离试验中，角速率（侧滑和滚转速率）出现了阶跃响应。特别是机体在滚转情况下发射导弹，滚转角速率出现阶跃，如图 5 所示。由于不理解现象的机理，之前提出的各种理论都无法解释。后来经过努力，在第 17 次试验中找到了原因，是由于发射过程中，导弹主体已经和发射装置脱离接触，而挂钩还在发射装置中，从而发生"挂钩约束"现象。最终，地面仿真中加入运动约束模型，成功解决了这一问题。

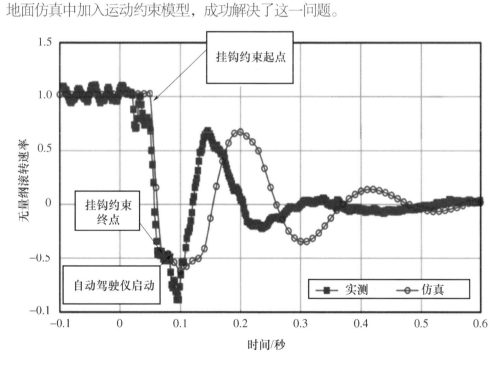

图 5　飞行试验中的滚转角速率阶跃现象及原因分析

第二类：理解不充分的因素，在仿真中只是近似模拟。例如，对发射架动力学模型的建模。

第三类：风洞试验和飞行试验对比过程中，发生了改变的因素。例如，两种情况下涉及的飞行环境不同，在地面仿真中，使用的是标准大气模型和一些理想的机动模型；而在实际飞行试验中的飞行条件一般不一致。

第四类：故意在仿真中遗漏的因素，例如导弹结构变形和振动通常在仿真中未考虑。

3. 一体化试验鉴定的迭代完善

空军阿诺德工程与发展中心和空军飞行试验中心将风洞试验、CFD计算、飞行试验和建模与仿真等手段进一步结合在一起，形成了建模与仿真试验鉴定资源（MASTER）项目，如图6所示。左上角的图（即图4）表示预测方法与风洞试验结果对比，方法验证后用于飞行试验预测，与右上角的飞行试验结果一起，送至空军阿诺德工程与发展中心的数据分析人员进行对比分析，分析出的结果可以对仿真方法进行验证，用于减少飞行试验架次，降低试验经费和试验风险。同时，风洞试验和飞行试验的结果反过来也用于改进和完善仿真模型。

（二）在航空推进系统中的应用

空军阿诺德工程与发展中心早在20世纪70年代就开始将建模分析方法与地面试验结合起来开展航空推进系统的试验鉴定，此后又进一步结合一体化试验鉴定理念来增强地面试验与分析之间的互补能力，解决了航空航天系统研制中的诸多问题。在航空推进系统分析中，以往的分析方法是在进气道入口处假设一"交界面"（AIP），然后分别对前体和发动机进行地面试验、参数影响分析和飞行试验验证。近年来，空军阿诺德工程与发展中心基于一体化试验鉴定的思想，逐步建立了前体和发动机耦合的计算方法（图7），能够综合分析总压畸变、进口旋流等因素对发动机工作的影响，指导地面试验，并结合飞行试验进行验证，从而有效降低了试飞风险和试飞费用。

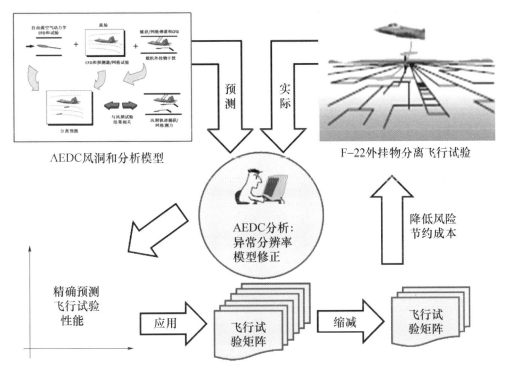

图 6　MASTER 项目迭代过程示意图

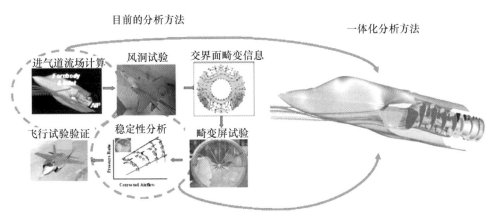

图 7　AEDC 航空推进系统一体化试验鉴定

(三) 在曳光器安全施放中的应用

与外挂投放问题类似，针对飞行训练中 MJU-23 曳光器频繁撞击 B-1B 飞机平尾、垂尾以及机身的问题，美军进行了一体化试验鉴定，空军阿诺德工程与发展中心联合奥克拉荷马航空物流中心（OC-ALC）、奥格登航空物流中心（OO-ALC）、联合试验中心（CTF）、海军空战中心武器分部（NAWCWPAS）和 Tracor 公司，采用 CFD 方法计算了典型状态下的曳光器飞行轨迹，并与飞行试验结果进行了对比验证，在此基础上，对平飞、机动飞行等状态下 MJU-23 曳光器的抛撒轨迹进行了分析，得出了安全抛撒曳光器的抛撒速度范围；同时，对曳光器进行了改型，使抛撒速度的限制大幅减小。

(四) 在高超声速武器系统试验鉴定中的应用

一体化试验鉴定在高超声速武器系统研制中的应用更为重要，因为在高超声速飞行的高焓、高压状态下，每种模拟方法都有局限，没有哪一种模拟方法能够独立地克服这些技术挑战，因此，需要将建模与仿真、地面试验和飞行试验综合起来的创新方案。2015 年，美军首次披露了高速系统试验（HSST）项目的详细情况，该项目是美国国防部试验鉴定/科学技术（T&E/S&T）计划下专门针对未来高速/高超声速系统转换成武器所需的试验鉴定技术，是高速打击武器项目（HSSW）的配套。HSSW 包含高超声速吸气式武器（HAWC）和战术级助推—滑翔武器（TBG）两个方面，HSST 项目对 HAWC 提出了 23 个试验鉴定目标，对 TBG 提出了 10 个试验鉴定目标。围绕上述目标，提出了 25 个试验鉴定需求，在其中体现了一体化试验鉴定的思想，如图 8 所示，即：地面试验中加强洁净空气（无污染）试验、防热烧蚀试验、高超声速/超声速武器投放试验能力；仿真建模中加强高超声速流动模拟；飞行试验中拓展参数测量范围，增加每次飞行数据获取能力等；提升对吸气式超燃发动机、滑翔飞行器、再入飞行器、高速拦截器、组合动力发动机的试验鉴定能力。

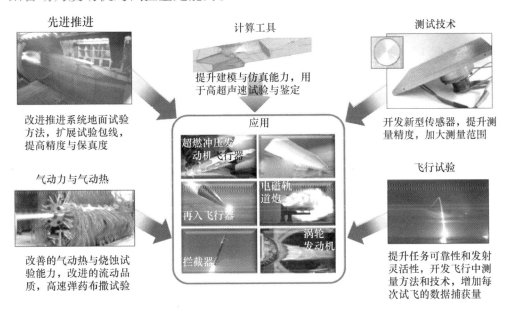

图 8　美军 HSST 项目中一体化试验鉴定需求

三、一体化试验鉴定的关键技术

除了地面风洞试验、飞行试验的关键技术外，开展一体化试验鉴定涉及的关键技术包括以下几个方面。

（一）建模与仿真

在一体化试验鉴定中，建模与仿真技术一方面可以使飞行器试验程序从"试验—改进—试验"转变为"建模与仿真—虚拟试验—风洞或飞行试验—对比/识别—改进模型"，从而有效减低费用，缩短时间，减少地面试验和飞行试验次数；另一方面可以加强试验鉴定资源的互操作性和连通性，使得将不同地点的多种试验资源（真实、虚拟和构造的试验资源）连接起来，实现互操作，从而满足飞行器及空天武器装备体系的分布式试验需求。

长期以来，美国国防部都将建模与仿真作为其国防关键技术，不断致力于建模仿真技术的发展和应用，提升武器装备体系试验能力。美军在不同时期提出的不同仿真体系结构均支持 LVC 的一体化仿真集成，主要的建模仿真架构有三种：分布式交互仿真（DIS）、高层体系结构（HLA）以及试验与训练使能体系结构（TENA），其在美军的仿真应用系统中比例约为 35%、35%、15%。DIS 的主要功能是定义一种连接不同地理位置的、不同类型的仿真对象为整体的基本框架，为高度交互的仿真活动提供一个逼真的虚拟环境。DIS 标准开发的四个主要领域为互联、综合环境组建、支撑环境和演练组织与管理，DIS 虽然有一定的节点聚集性，但是无法完全支撑 LVC 的一体化仿真实现。HLA 定义了联邦设计、运行阶段必须遵守的基本规则和接口规范，以保证联邦成员之间正确交互，建立了一个解决各种类型的仿真系统间的互操作性和可重用性问题的仿真体系结构，真正实现将构造仿真、虚拟仿真和实况仿真集成到一个综合环境里，满足各种类型仿真的需要，HLA 虽然通用性高但专业性相对较弱。TENA 吸收了 HLA 的基本思想，主要针对试验与训练领域的特定需求进行了扩展，旨在将一系列可重组、可互操作、地理位置分布的试验训练靶场资源组合起来，建立符合需要的逻辑靶场，以逼真的方式完成各种试验与训练任务。2012 年，仿真互操作标准组织（SISO）又进一步提出了层次化仿真体系结构（Layered Simulation Architecture，LSA）的思想，其目标是将基于 DIS、HLA 和 TENA 等不同体系结构构建的靶场仿真资源进行综合集成，使其支持靶场内外场联合仿真试验。该结构已在美国国家航空航天局（NASA）肯尼迪航天中心的"战神"火箭发射系统仿真中得到了成功应用。

（二）数据管理与分析应用

试验鉴定工作的核心是数据，在一体化试验鉴定过程中，风洞试验、CFD 数值计算、飞行试验、仿真分析都会产生大量的数据，对这些数据的有效管理、分析及呈现也是一体化试验鉴定的一项关键技术。空军阿诺德工程与发展中心在外挂物投放的数据管理方面主要开展了三方面工作：一是对数据进行安全有效的存储。二是开发了 DATAMINE 软件，该软件不仅能实时显示处理风洞试验数据，同时还能与历史数据、模型预测结果进行动态对比。三是建立了针对外挂物投放的弹道可视化（TVIS）显示系统。随着一体化试验鉴定工作的不断深入，数据挖掘、数据融合及专家系统的相关功能与工具已进一步融入一体化试验鉴定的数据管理中。例如，空军阿诺德工程与发展中心基于历史试验数据和蒙特卡罗模拟方法构建出数据的不确定度模型，采用 Python 语言开发了风洞试验数据不确定度评估工具——uMCS。在实际应用中，通过将重复性试验数据与 uMCS 计算出的误差进行可视化比较，可直观地显示正在使用的设备和试验硬件运行情况是否正常。

（三）试验设计

美军多项试验鉴定相关的指南中明确了必须通过科学的试验设计，严格地规划和执行试验。对一体化试验鉴定而言，试验设计有助于理解试验成功/失败的原因，理解试验结果的影响因素，如系统分析不同手段、不同阶段获取数据的差异原因等。自 20 世纪 90 年代以来，NASA 兰利研究中心开始创新发展基于现代实验设计（MDOE）的风洞试验方法，用于替代传统的一次一因子（OFAT）方法。采用 MDOE 方法的风洞试验理念是将"知识"视为风洞试验研究的基本产品，风洞试验研究的目标是获取对模型气动性能的认知而不是获取大量试验数据。与传统的风洞试验方法相比，

MDOE方法具有如下的优越性：通过确定能满足达到特定目标的最小数据量，使风洞试验周期最短，从而降低风洞试验成本；在风洞试验方案执行中，通过采用各种质量保证策略，减小和量化风洞试验不确定度；通过揭示独立变量变化及其相互干扰如何直接影响气动特性，来改进对风洞试验研究对象气动变化规律的认识；为风洞和天平等的校准提供一种新的有效手段。

四、一体化试验鉴定的发展趋势

一是计算模拟将得到越来越广泛的应用。随着计算机技术和计算科学的发展，凭着使用灵活方便、经济高效的优点，可以预见计算模拟将在未来的一体化试验鉴定工作中得到越来越广泛的应用。文献中提出，量子计算机比传统计算机具有更快的处理速度，量子计算在试验鉴定中的一个重要应用领域是计算机生成兵力（CGF），CGF可以应用于许多试验想定的构建之中，而量子计算对提高CGF系统的性能有巨大潜能，因此须紧跟量子计算发展趋势，研究其在试验鉴定仿真中的应用。

二是大数据和人工智能技术将在一体化试验鉴定中得到深度应用。当前人工智能技术用于武器装备论证设计的优势已经展现，在试验数据分析和规律挖掘方面的应用也在不断深入。空天武器装备系统结构复杂，功能多样，试验数据种类繁多，数量巨大，利用数据聚类、关联分析等大数据和人工智能技术将有助于从海量的试验数据中提取有用信息，辅助发现不同手段获取数据、不同状态试验数据、不同类型飞行器试验数据中所蕴含的物理规律，获取知识，支撑装备的设计完善。

三是构建面向空天装备体系的一体化试验鉴定方法。目前的一体化试验鉴定实际应用大多针对的是单一问题，或单一装备，而未来作战都是体系作战，因此，有必要将一体化试验鉴定思想与装备体系仿真紧密结合，科学检验装备是否满足未来空天体系作战的性能和效能要求，确定其体系贡献率。

四是一体化试验鉴定中将逐步考虑人类行为科学模型。现有的一体化试验鉴定基本没有考虑人的因素，而未来武器装备将大量使用人工智能技术，基于仿真的试验鉴定必须建立人类行为模型并考虑作战人员在作战场景中的行为对作战态势和作战结果的影响。对一体化试验鉴定而言，无论哪一个维度的工作都无法避免对人类行为的描述和应用，因此行为科学技术将在未来一体化试验鉴定中得到越来越广泛的应用，值得长期关注和研究。

五、结束语

军事装备试验鉴定是一个复杂的系统工程问题，其发展会受到装备发展需求、科学技术和国家经济条件等诸多内外因素的影响。美军提出的一体化试验鉴定思想从系统、研制过程、研究手段三个维度来对各试验阶段和试验活动进行统筹规划和组织实施，有效地提高了试验效率、缩短了试验周期、减少了试验成本和风险。当前我军装备建设处于"跟踪测仿"向"自主研发"转变的关键时期，对试验鉴定工作也提出了许多前所未有的新要求。因此，结合我军装备建设实际，研究借鉴美军经验，更加注重集约高效，更加注重虚拟现实、大数据、人工智能等创新技术的应用，一体化试验鉴定方法将在我军武器装备试验鉴定和装备建设发展过程中起到越来越重要的作用。

（军事科学院第二十九试验训练基地　唐志共　钱炜祺　何磊　张天姣）

美军一体化试验鉴定模式及其启示

2017年4月3日—13日,美国陆军在希尔堡基地举行"2017年机动火力集成试验",重点对三个无人机杀伤系统以及"机动高能激光器"项目进行演示测试。这次试验由美国国防部卓越火力中心和陆军能力集成中心联合举行,参加单位除陆军试验鉴定部门外,还包括由40余名国防部和相关工业单位代表共同组成的"一体化试验鉴定小组"。此次试验鉴定是美军自20世纪90年代以来大力推进"一体化试验鉴定"模式的一个缩影。从美军长期实践效果来看,这种模式能够有效提高装备试验鉴定能力,降低试验消耗,具有良好的运行效益,值得深入研究和借鉴。

一、美军一体化试验鉴定的提出与发展

长期以来,美军依据不同时期国防战略与军事需求的变化,不断研究与创新武器装备试验鉴定技术的理论和方法,修正与调整装备采办管理制度,改革与优化国防部内及各军兵种隶属的试验鉴定机构,统筹与完善试验资源。经历数十年的探索和尝试,美军逐步形成了较为先进的一体化试

验鉴定理念，建立了完善的试验评估管理机制，拥有了世界领先的试验评估技术与能力。美军试验鉴定的发展可以大体分为以下五个阶段。

20世纪初—1971年属于单轨分散试验鉴定阶段。1917年在马里兰州建立了阿伯丁试验场，是美国的首个试验靶场，标志着美军现代军事装备试验体制的初步建立。从20世纪40—70年代，美国各军种、各大型装备承包商相继组建了80多个专门试验靶场和机构，为美军装备试验鉴定的科学发展奠定了坚实的物质基础。这一阶段美军主要围绕装备的性能开展研制试验鉴定工作。

1971—1985年属于双轨统/分结合试验鉴定阶段。随着装备在战争中暴露出问题，美军提出了作战试验的概念，在装备试验鉴定中开始采取研制试验鉴定、作战试验鉴定双轨并行的机制，但是在1971—1985年这一阶段，美国国防部设立了统一的研制试验鉴定监管机构，但没有设立全军统管的、独立运行的作战试验监管部门，作战试验由各主管军兵种部各自负责。

1985—1999年属于双轨独立并行试验鉴定阶段。20世纪80年代，美国国防部再次进行了大幅度改革。装备试验鉴定制度也随之进行了新一轮调整，国防部强化了对装备试验鉴定的管控力度，新成立的作战试验鉴定局成为了重要的独立鉴定与决策机构。这一时期，研制试验、作战试验的监管从国防部层面完全分离成为两条管理线，呈现出双轨并行、互不统属的局面。

1999—2009年在双轨一体化试验鉴定的基础上进行了机构合并与精简。研制试验鉴定、作战试验鉴定双轨独立运行在实践中暴露出在周期、资源等方面的不足，从20世纪90年代末开始，美军开始尝试实现双轨一体化试验鉴定运行模式，以采办项目为基点，由政府、承包商、用户等相关各方共同将全寿命周期研制与作战试验鉴定一体规划、共同参与、共享数据的试验鉴定模式，实现全寿命周期、全流程、全体系"共享事件、共享数据"。一体化试验鉴定理念的提出，是继 1971 年美国国防采办与试验鉴定改革以来美军最为重要的创举。传统上"铁路警察、各管一段"的分工负责、各司其职的试验鉴定管理模式虽然能够使试验鉴定管理体制充分落实、顺利运转，但是也造成了机构间责任推诿、资源内耗等一系列问题。一体化试验以具体的装备项目为主线，将研制试验鉴定与作战试验鉴定的组织整合在一起，既使各方尽可能共享各类试验事件和试验数据，又保留各机构独立性，从而有效缩短试验时间和节约成本。一体化试验鉴定理念已经成为美军装备采办中的共识和普遍做法。据统计，采用一体化试验鉴定模式，使"铜斑蛇"激光制导炮弹少发射 764 发试验弹，节省经费 230 万美元。如今，一体化试验鉴定模式广泛应用于美军装备试验鉴定领域。

2009 年至今，双轨一体化试验鉴定呈现重新重视早期研制试验鉴定的"左移"发展趋势，并通过重新设立国防部研制试验鉴定管理机构加强了对研制试验鉴定的监管。自一体化试验鉴定理论提出后，虽然极大程度改善了美军装备试验鉴定的面貌，但由于组织机构和项目配套存在一些不完善的地方，特别对项目开发早期及时通过开展试验评估发现装备中存在的问题不够重视，导致装备隐患发现偏后。如在美军作战试验鉴定局 2013 年监管的 130 个重大项目中，有 44 个项目在作战试验鉴定阶段出现了不同程度的设计缺陷和不足，但是在研制试验鉴定阶段并没有发现。为此，在双轨一体化的基础上，一方面重新加强了对研制试验鉴定的组织监管，另一方面强化了研制、作战试验向项目开发源头"左移"，以便及早发现需求不现实、技术不成熟的问题。2016 年 5 月，美国参议院武装部队委员会在 2017

财年《国防政策法案》中要求国防部评估研制试验鉴定和作战试验鉴定事宜按照平衡的原则,将目前由研制试验鉴定办公室负责的研制试验鉴定工作纳入作战鉴定试验局的监管范畴,隶属于该帮办的试验资源管理中心直接转由作战试验鉴定局管理,在武器研制过程中力争既避免职责交叉,又可在保证各自机构独立性的基础上相关支撑。

二、美军一体化试验鉴定的主要做法

美军武器装备的全寿命周期阶段划分为:①装备方案分析阶段;②技术开发阶段;③工程与制造开发阶段;④生产与部署阶段;⑤使用与保障阶段。各阶段研制鉴定试验和作战鉴定试验的总体安排,如图1所示。

(一)提出研制计划,设立型号主管组织机构

在装备研制计划提出后的 MOD 阶段开始,负责的军兵种组织参研各方成立计划管理办公室,统筹整个型号的研制计划。其中,计划管理办公室设立专责主管试验鉴定的副主任,负责型号试验鉴定的管理和协调工作。

(二)成立试验鉴定一体化产品小组

在计划管理办公室试验鉴定副主任的领导下,成立试验鉴定一体化产品小组,即试验规划/一体化工作组。成员包括:作战试验部门、研制试验部门、试验保障机构、作战使用用户,以及将通过提供试验保障或通过实施、鉴定或报告试验而介入试验工作的其他组织机构。该小组的职能是:促进试验专门技术、仪器仪表、设施、仿真和模型的应用;明确一体化试验要求;加速《试验鉴定主计划》的协调过程;解决试验费用和进度问题;提供一个保证系统试验鉴定工作协调进行的平台。

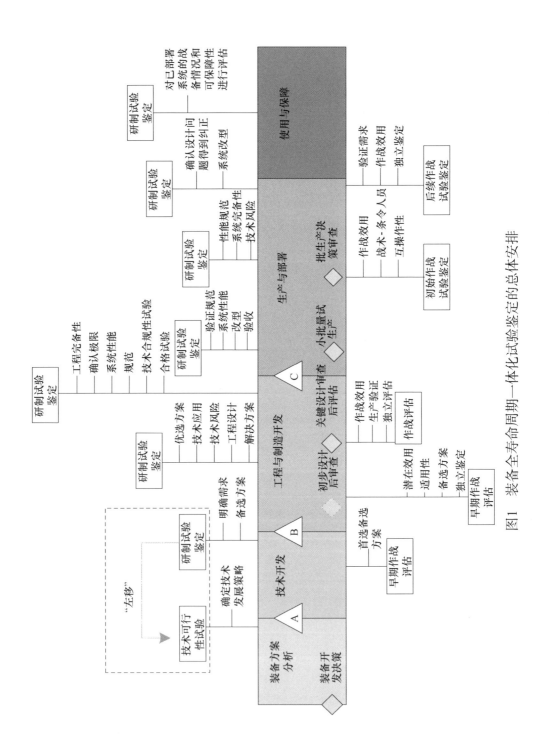

图1 装备全寿命周期一体化试验鉴定的总体安排

(三) 制定《试验鉴定主计划》

在研制之初,试验鉴定一体化产品小组最为核心的职责就是制定该型号的《试验鉴定主计划》。《试验鉴定主计划》是一份动态性、统筹性、一体化的试验鉴定活动规划文件,统筹安排了装备研制直至装备后所有的试验活动,是军方管理武器装备试验鉴定计划的顶层文件。它将整个试验鉴定过程的进度、管理策略、管理体系以及所需的资源与关键作战问题、关键技术参数、最低性能值(阈值)、采办策略和里程碑决策点关联起来。

(四) 试验的组织实施

在装备研制工作正式开展后,将严格按照《试验鉴定主计划》的规划开展各类试验活动。图2给出了一般性试验实施流程,具体的试验程序如下。

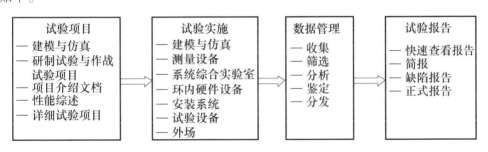

图2 试验内容与流程

1. 研制试验鉴定

美军的研制试验鉴定由项目办公室规划与监督,试验主要参与方为承包商、军种研制试验鉴定机构和靶场。在早期研制阶段,研制试验主要由承包商实施,项目办公室及相关机构进行监督;后期由军种研制试验鉴定机构负责。项目办公室成立后,由项目主任指定一名首席试验官,组建试验鉴定一体化小组,根据装备类型选定军种研制试验机构作为该项目的研制试验牵头机构；军种研制试验机构和靶场在首席试验官的指导下实施该项目的研制试验。首席试验官负责制定《试验鉴定主计划》中的研制试验鉴定计划，管理试验经费，协调试验资源。重大项目的《试验鉴定主计划》须经负责研制试验鉴定的助理国防部长帮办审批。军种研制试验机构和靶场依据《试验鉴定主计划》制定详细的研制试验实施计划，组织实施并提供结果报告。

2. 作战试验鉴定

美军作战试验鉴定工作可以划分为两个阶段：批生产之前的作战试验（包括早期作战评估、作战评估和初始作战试验鉴定）和批生产之后的作战试验（称为后续作战试验鉴定），如图3所示。

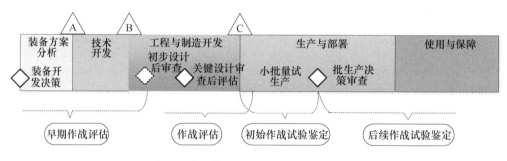

图3 美军作战试验鉴定的主要类型

早期作战评估是在装备方案分析和技术开发阶段，由军种作战试验部门利用模型、样机及相关数据开展，主要用于预测和评估武器系统潜在作战效能和适用性。

作战评估是在工程与制造开发阶段，由军种作战试验部门利用样机、模拟器、工程开发模型、试生产产品开展，必要时可由用户提供支持。

初始作战试验鉴定是在批生产决策前，由军种作战试验部门在逼真作战环境下，组织有代表性的部队作战人员，利用生产型系统开展。初始作战试验鉴定结果为批生产决策提供重要依据。

后续作战试验鉴定是在装备服役后进行，由军种作战试验部门或作战司令部实施，主要评估全系统能力，验证系统缺陷的纠正情况，评估系统改进或升级对作战能力的影响。

三、美军一体化试验鉴定的主要特点

经过数十年的不断调整、改进，美军试验鉴定体系在指导理念、组织管理、流程实施、阶段衔接、手段方式等方面向一体化方向不断发展。

（一）基于实战的一体化理念

美军在试验鉴定领域提出"像作战一样试验"的一体化理念，始终围绕着"如何支撑在现代战场环境下作战能力生成"，持续以贴近"实战"为目标推进装备试验鉴定改革，不断补充试验内容配置、调整试验组织模式、完善指导法规体系、实施"能力试验方法"计划，将"试验为战"思想落到实处。

一是全寿命周期服务于作战。在美军装备采办流程中，全程重视试验鉴定的计划、实施和评估，在装备需求分析阶段确保作战需求可试验和可实现；在装备方案论证和工程与制造开发阶段确保装备技术性能、作战效能和适用性符合战场要求；在作战试验鉴定阶段全面检验装备的作战性能、操作性能和体系作战能力。这样，全寿命周期试验鉴定活动的具体实施都是以服务于作战需求为目标进行规划的。

二是全方位逼真模拟真实战场环境。美军在作战试验中，首先强调作战试验环境的真实性，通过进行大量的实际数据采集，制定了丰富全面、真实可靠的自然环境、对抗环境、敌方威胁等试验标准，指导具体试验作业；其次强调作战运用的真实性，要求武器装备必须按照真实的编配、战术战法等进行试验；还强调操作人员的真实性，作战试验鉴定部队均由未来装备典型使用人员组成。

三是全作战体系参与试验鉴定。美军不仅开展单件装备、单个武器系统的作战试验鉴定，而且还充分考虑到考核由若干武器系统组成的装备体系在联合作战环境下的体系对抗能力，对联合作战环境下的体系对抗能力进行充分检验。

（二）顺畅的一体化组织管理

美国国防部在试验鉴定机构设置和试验资源投入与分配等方面进行了多次调整，反复平衡研制试验鉴定与作战试验鉴定组织管理模式，研制试验鉴定、作战试验鉴定双轨管理体系不断发展完善并逐渐形成相对独立、相互支撑、相互融合的一体化态势。

在宏观监管组织方面，美军试验鉴定管理机构一直在根据对试验鉴定活动规律的最新认识和最先进的组织理念灵活地变化和调整。从20世纪70年代开始，作战试验鉴定扮演着监督裁判的角色，作战试验鉴定机构独立于采办管理部门和作战指挥部门，确保作战试验鉴定结果的客观公正性。研制试验鉴定主要隶属于采办部门，形成了双轨相互独立、互相负责、一体管理的一体化管理局面。

在微观项目管理层次上，通过组建项目试验鉴定工作层一体化产品小组，构建试验鉴定任务顺利完成的基础平台；通过《试验鉴定主计划》统筹机制，统筹试验鉴定流程、资源和判据等；建设与管理本项目试验鉴定数据库，实现数据共享。通过上述措施，在项目组织层面打通了不同部门之间的管理关节，保证了一体化组织管理的扎实落地。

（三）多层面的一体化运行

经过近年来对"一体化试验鉴定"思想的持续摸索，美军形成了一整套行之有效的做法。

法规制度的体系化。美军从各种层次、多种角度对试验鉴定的政策、管理、机构、人员、设施、程序、方法等各个方面进行规定和规范，作为开展试验鉴定工作的依据和基础。在国防部层面上，国防部5000系列采办指示以及与试验鉴定有密切关系的指令，规定了国防部试验鉴定方方面面的内容；同时各军种为落实国防部采办政策和试验鉴定要求制定了具体的军种指令和条例，如陆军的AR70系列条例、空军的AFI99系列指示等，构成了美三军开展试验鉴定工作的具体指南和详细规范。

试验内容的一体化。美军规定研制试验鉴定与作战试验鉴定尽可能一体化规划、一体化实施，实现人员、资金、设施、时间等试验资源的高效利用和数据共享，减少重复、提高效率。以"爱国者先进能力"-3（PAC-3）导弹的飞行试验为例，在10次研制试验鉴定计划中，后3次为研制/作战一体化试验；在4次初始作战试验鉴定计划中，有3次为一体化试验，降低了成本，提高了试验效率。

研/试流程的一体化。美军在装备研发的五个阶段，在各个阶段都安排了相应的研制试验和作战试验鉴定，既立足于支撑当前阶段的逐步审查、决策的需求，又着眼于全寿命周期的通盘规划，瞄准全面考核装备战术技术性能的最终目标。试验鉴定流程与研发流程实现了阶段性的一体化循环迭代，通过"试验—分析—改进—再试验"的方法，实现系统渐进性成熟、鉴定目标渐进完成。研制试验和作战试验虽然具体形式和最终目标上存在着一定差异，但并不是分离分立的两个部分，而是存在着明显的相互交叠、互为支撑关系。

(四) 注重一体化试验的早期介入

据美军统计,如果等到装备投产后再发现缺陷、再改进,成本相当高昂,会使全寿命采办费用增加10%~30%。因此,"试验早进行、问题早发现、缺陷早纠正"始终是美军推行试验鉴定改革的努力方向之一。

美军在作战试验鉴定中充分采取了"早期介入、全程贯穿"的策略,在实装作战试验开展之前,将作战试验向源头化发展,先是在工程与制造开发阶段安排了作战评估,对样机装备作战性能进行评估;后又进一步在方案分析或技术开发阶段安排了早期作战评估,通过虚拟仿真或替代产品半实物仿真试验做出早期作战效能预测。2012年提出的"左移"计划进一步加强了研制试验鉴定的源头化。进一步将试验鉴定介入提前到需求生成阶段和备选方案分析阶段,通过"问问题、提建议"的方式,及时评估装备的可靠性、互操作性和网络安全特性等情况。

(五) 保证一体化试验的独立权威性

美军装备试验鉴定体系具有"一体实施,高效运行;独立鉴定,权威评估"的特点。装备试验活动的策划、实施、数据采集虽然是一体化的,但研制试验鉴定和作战试验鉴定部门获得需要的数据后,都是独立评估并给出鉴定结论的。

作战试验鉴定作为评定武器装备的主要依据,自20世纪70年代试验鉴定体系改革后一直保持相对独立。一是管理机构独立。美国国防部作战试验鉴定局、军兵种负责作战的高级军官、作战鉴定试验部队构成专门化垂直负责体系,独立于研制部门、使用部门和采办部门之外。二是组织实施相对独立。作战试验或作战/研制一体化试验对承包商的介入有严格的限制,并且必须由作战试验鉴定部队独立完成评定后直接通过上报负责的军兵种副部长或参谋长及国防部,作为采办决策的依据。三是鉴定结果的独立性。作战试验鉴定机构依靠自己独立的模型和标准对武器系统性能进行鉴定，而不使用承包商或其他第三方机构提供的标准。

四、启示

一是适时调整观念、提高认识水平，牢固树立实战化指导思想，是与时俱进发展高效试验鉴定体系的基础。随着现代战争理念越来越强调作战任务驱动和军事能力导向，而不是单一的技术性能指标越高越好，试验鉴定已经很难从考核装备技术性能是否达标来确定装备的作战性能和效能。因此，仅仅以"定型"为目标筹划装备的试验鉴定活动已经很难达到装备试验鉴定的根本目标——促使装备达到实际作战要求。为了应对复杂装备试验鉴定工作的诸多严峻挑战，从整体上推进武器装备试验鉴定，必须牢固树立"试验为战"的思想，将"实战化"这一根本方针切实从基本思想到实际措施全面落实，贯穿于新型试验鉴定理论、管理机制、组织模式、具体试验策划和成果评估等体系建设中，形成在"全系统、全寿命、全流程"三个维度上全面体现实战化要求的新型试验鉴定体系。

二是构建一体化试验综合评价体系，有助于实现对武器装备全面、客观的评价。美军在试验鉴定活动中，采用多种方法对武器系统的战技术性能和作战使用性能进行综合评价。为适应新型武器装备发展对试验鉴定的要求，应充分运用建模与仿真、小子样试验鉴定、多源信息融合、异种总体参数评定、效能分析评估等各种技术和方法，充分利用各阶段、各种类的试验信息，构建一体化综合试验评价体系，实现对武器装备战术技术性能和作战使用性能的全面综合评价。其中，应特别注重对建模与仿真可信性评估、作战使用性能评估等问题的研究。

三是实现试验鉴定活动源头化，有助于实现"问题早暴露，缺陷早纠正"，降低全寿命周期研制成本。通过新型试验手段的综合使用、科学合理的试验安排，最大限度实现试验活动在产品研制早期安排，最大程度降低产品风险，缩短产品研制周期，降低研制费用和减少技术风险。在项目需求论证时期构建需求方、试验方和研制方协作机制，开展项目早期技术方案评估和作战性能评估。进行充分的研制试验鉴定，为作战试验鉴定有效开展奠定基础。在研制试验鉴定期间，先期暴露系统性能方面的缺陷，降低解决问题的成本和难度。同时，在项目研制进程中，穿插开展早期作战试验评估，为装备及时改进提供支撑，为作战试验鉴定奠定基础。

（中国航天科工集团第三研究院　王长青　毛凯　陈聪）

美国海军作战试验特点分析

本文主要根据美国海军作战试验鉴定部队司令指令 3980.2《作战试验主任手册》A 版至 F 版及相关文件,分析总结了美国海军作战试验的七个特点。

一、作战试验机构、过程独立,贯穿全寿命周期

美国海军作战试验鉴定机构——美国海军作战试验鉴定部队,独立于研制部门、使用部门和采办部门;作战试验鉴定完全由作战试验鉴定机构独立组织实施,承包商原则上不允许参与;作战试验部队只能依靠自己独立的标准对武器系统性能进行评估,而不能使用他方提供的标准。获得的重大武器系统试验鉴定结果,均由美国国防部作战试验鉴定局进行审定。审定结论直接作为采办里程碑评审的重要依据,决定装备能否进入大批量生产阶段。如果作战试验鉴定局经过审查,认定采办项目作战试验鉴定未达到要求,原则上该项目不能进入下一阶段。

美国海军早期的作战试验鉴定主要围绕小批量生产阶段进行,后来逐

步向全寿命过程延伸。为了及早发现装备存在的作战性能缺陷,从装备方案论证开始就进行早期作战评估,对在研武器系统的潜在作战效能和适用性进行预测和鉴定;在小批量生产阶段,开展初始作战试验鉴定,对预期的系统作战效能和适用性做出有效评估;装备进入大批量生产之后,后续作战试验鉴定主要用于对改进系统或已部署系统进行评估;对于已进入使用和保障阶段的装备,作战试验的重点转向评估后勤保障情况。

二、作战试验与研制试验一体化设计、独立实施

作战试验鉴定是试验鉴定的组成部分,与研制试验鉴定共同构成了试验鉴定。作战试验鉴定可细分为很多类别,例如早期作战评估、作战评估、作战试验、后续作战试验等。作战试验贯穿于研制生产的全过程,而不是研制程序中的独立一段。作战试验与研制试验虽有明显区别,但都同时作用于实施中的被试系统。《试验鉴定主计划》是规划试验鉴定项目整个结构和目标的文件。它为制定详细的试验鉴定计划提供了一个框架,并阐述了有关试验鉴定项目的进度和资源问题。《试验鉴定主计划》确定必要的研制试验鉴定、作战试验鉴定及实弹射击试验活动,并将能力发展文件规定的项目进度、管理策略、组织实施、试验资源、关键作战问题、关键技术参数及作战需求文件中确定的目标和阈值、鉴定准则以及阶段决策点紧密联系起来。对于多军种联合项目来说,需要一个一体化的《试验鉴定主计划》。各军种对系统的特殊要求,特别是关键作战问题有关的鉴定准则,可由军种起草,作为《试验鉴定主计划》正文的附录加以阐述。

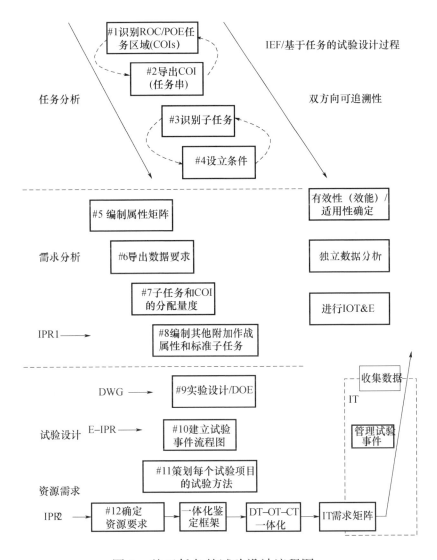

图 1 基于任务的试验设计流程图

ROC/PEO—作战需求能力/想定作战环境；COIs—关键作战问题；IEF——一体化鉴定体系；IOT&E—初始作战试验鉴定；IPR1—临时进度审查 1；DWG—设计工作组；DOE—实验设计；E‐IPR—执行临时进度审查；IPR2—临时进度审查 2；DT‐OT‐CT—研制试验、作战试验、承包商试验；IT——一体化试验。

三、依靠作战试验设计流程有效保障试验的整体优化和可信性

2009 年以来，作战试验鉴定部队已对试验计划、试验实施及试验报告的方法做出了大量改进，特别强调作战试验的设计流程是保障试验整体优化和可信性的基础。下面简要介绍基于任务的试验设计和项目一体化鉴定体系框架编制流程，见图 1。整个流程共 12 步，这 12 步又分为 4 个部分，其中第 1~4 步是任务分析部分，第 5~8 步是需求分析部分，第 9~11 步是试验设计部分，第 12 步是资源需求部分。

四、采用通用任务清单，保证任务描述试战一致

美国海军作战试验任务统一按照通用联合任务清单、海军战术任务清单，在多军种联合试验时还要按照其他军种的任务清单，体现了美军作战、训练、试验的一致性。联合作战是当代战争和未来战争的基本形态，是新军事革命的主要命题。联合作战的灵魂是联合，而要联合，就必须建立标准，形成共同语言，达成相互理解，使"系统、装置或部队之间能相互提供和接受数据、信息、装备和服务"。这种标准不但广泛存在于装备与装备之间、系统与系统之间，还存在于作战司令部与部队之间、部队与部队之间，要求各参战单元正确理解司令下达的作战任务、支援部队和受援部队了解相互之间如何配合。

为了对任务形成共同理解，美军以联合作战为背景，运用标准化理念和系统思维，在充分认识、理解所有任务具体内涵外延特征及任务间内在联系的基础上，对各级各类任务进行顶层规划、优化、简化、协调、统一，

规范任务类型、统一任务的描述方式和结构，使各作战部队对任务内容达成共识，正确传达作战司令的意图；实现任务的通用化，同一任务可以由不同军种、不同领域的作战单元来执行，去除非通用的任务；使任务系列化，纵向分为国家战略、战区战略、战役、战术四个层级，横向以作战需求为牵引，分为部署兵力、提供情报、指挥控制、后勤保障、兵力防护等几个领域；最后，实现所有任务的模块化，每个任务模块包括编号、标题、任务内容、评价维度和评价标准。最终形成了1268项通用联合任务清单。通用联合任务清单从提出到现在历经十多年的实践和发展，现已成为美军联合军事行动的通用语言和参考标准，也是"联合参谋部、各军兵种、各级作战指挥官、各级机构、各级联合组织以及参联会主席负责的各战斗支援机构"必须执行的标准之一，具有战略指导作用。

海军战术任务清单对联合作战中海军所执行的不同作战任务进行了逐级分解，并对各级各项任务进行界定，如《海军战术任务清单》2.0版中将"火力运用"任务分解为目标处理、攻击目标和协同特种武器攻击三项任务，其中，"攻击目标"任务向下分解为攻击敌海上目标、攻击敌陆上目标、攻击敌飞机和导弹（攻击防空）、压制敌防空系统、实施电子对抗、实施火力支援等八项任务，作为八项任务之一的"实施火力支援"任务又向下分解为组织火力支援资源、指示目标、与目标交战和校正火力四项任务。这种金字塔结构形式的任务清单不仅清晰展现了联合作战任务体系及海军任务体系，还为指挥员和参谋人员规范了科学描述海军任务的通用语言。《海军战术任务清单》明确了每级每项任务的衡量尺度与标准。衡量尺度通常用小时、天、百分比、数量、分钟、英里（1英里=1.609344千米）等表示。如上述"实施火力支援"任务的衡量尺度包括因友军导致敌行动方案不能实施的数量、达到预期攻击效果的目标所占百分比，以及选择目标攻击系统的反应时间等。标准是界定任务制定的可接受程度，通常被表述为任务执行的最低可接受程度。执行任务的衡量尺度与标准结合一起构成指标，即规定海军部队在执行任务时必须达到的水平。这些指标在相应的条件下，可作为作战试验方案制定、实施及评估的依据。

五、采用蓝黄表制度，确保作战试验缺陷可追溯和有效解决

缺陷指作战需要的现有和潜在能力的不足。缺陷可能由任务目标更改、对抗威胁系统、环境变化、军事装备陈旧或性能下降引起，会导致无法有效完成任务或无法达到任务域目标要求的功能。

作战试验中采用建立蓝黄表制度，每一个阶段发现的缺陷都要记录，直到缺陷解决（校正）。并且，在各种报告中都要提起且要标红，以引起有关人员的重视。

早期作战评估阶段就需要用蓝表或黄表对每个明确的风险进行分类并归档。蓝表适用于被试系统问题，黄表适用于影响任务完成的被试系统外部的问题。这些问题在整个系统寿命周期内会被持续跟踪，直至最终被纠正。

作战评估阶段和早期作战评估一样，明确的每个风险采用蓝表或黄表分类并归档。

（1）初始作战试验鉴定阶段。初始作战试验鉴定是法定要求，对被试系统的作战效能和适用性进行独立鉴定。在采办项目的生产和部署阶段，对代表性试验产品进行作战试验。若初始作战试验鉴定中暴露的单一红色风险严重到影响全部关键作战问题，那么关键作战问题被定为红色。试验中明确的具体缺陷按照独立的蓝表或黄表进行存档。

（2）缺陷校正确认阶段。当缺陷校正被确认时，相应的蓝表或黄表关

闭。假如缺陷未全部校正，再审核决定是否缓解批准缺陷类别的更改。

（3）后续作战试验鉴定阶段。基于试验焦点，如果确定修改包含在批生产产品中，或者为归档新研产品的相关风险产生了新的蓝表和黄表，原来的蓝表和黄表可能关闭。

所有作战试验鉴定部队报告都围绕蓝表和黄表结构构建。蓝表和黄表采用统一结构，这样可用逻辑性强、可用性强的格式表达复杂信息。蓝表列出被试系统的问题或缺陷；黄表列出被试系统备案项目计划之外的问题和缺陷，这些问题或缺陷对于完成所要求的作战效果依然很关键。

六、试验文书表述精细化，确保简洁、可操作

试验文书不但要求有要素、过程、要求，还对文字表述提出了特别要求，充分反映了试验文书的精细化。如在编写蓝表和黄表时，就提出"结论是一个简单语句，这句话主语是问题，谓语是风险等级（严重，重度1、2或3，或轻度）""编者应采用逻辑明确、直白和简单的语言开门见山、切入正题"，还有时态要求（具体见表1）；编写各种简报和回答问题时，必须开门见山，不能愚弄读者；关键作战问题表达为必须回答正确鉴定作战效能和适用性的问题。关键作战问题不是限定值。例如，不要写成"平均任务故障间隔时间至少要200小时吗？"，而要写成"系统的可靠性会支持任务完成吗？"等。

表1 填写蓝表和黄表的时态要求

部分	内容	时态要求
第1部分	确立试验条件	过去时态
第2部分	介绍数据	过去时态

（续）

部分	内容	时态要求
第3部分	分析/鉴定数据	过去时态
第4部分	任务关系	将来时态
第5部分	结论	将来时态
第6部分	建议	将来时态

七、重视作战试验标准化工作

美国直接支持装备采办合同管理的军用标准有两种：一是国防部直接编制的标准；二是经国防部认可的其他标准。作战、训练及试验的内容往往通过一些指令性手册规定，一般手册规定的技术方法都是经过验证的，都是科学技术和实践经验的总结，有的是最佳惯例，在一定范围内具有通用性，符合标准化特征，可以视为标准。

美军作战试验鉴定中明确应用的标准主要集中在作战适用性、建模仿真、软件等领域。需求生成标准有 MIL-HDBK-520《系统需求文件指南》；作战适用性标准有 MIL-HDBK-189《可靠性增长管理》、MIL-STD-882D《系统安全性》、MIL-STD-464C《系统的电磁环境效应要求》、MIL-STD-810F《实验室环境试验》、MIL-STD-1472《系统设备设施的人因工程设计准则》、MIL-HDBK-235-1C《军用作战电磁环境剖面》、MIL-STD-210《装备的极端气候条件》、MIL-STD-781《可靠性试验》；工程管理标准有 MIL-HDBK-881《项目工作分解》、MIL-HDBK-245D《工作说明编写》、CMU/SEI CMMI《能力成熟度集成模型》；软件开发标准有 IEEE 关于软件开发的一系列标准、ISO/IEC 关于系统工程与软件工程的一系列标准;建模与仿真有 MIL – STD – 3022《建模与仿真的 VV&A》等。

指令手册中明确的标准化文件主要是试验文书模版。为了保证试验文书的程序、要素、要求的一致性,便于试验人员间的沟通、理解。美国海军作战试验十分强调每到一个节点使用什么试验文书,并要求按照相关模版起草,同时给出相关标准化模版。在海军《作战试验主任手册》中多次强调起草试验文书必须使用相应的标准化模版。其中包括试验鉴定主计划、一体化鉴定体系框架、定制版一体化鉴定体系框架、作战异常情况报告、作战试验计划、辅助性研制试验备忘录、作战试验与研制试验备忘录、早期作战试验报告、体系缺陷黄表、体系风险、被试系统缺陷蓝表、被试系统风险、试验鉴定主计划详细意见、试验鉴定计划、缺陷校正确认等 40 份模版。这些文书模板规定了要素、要求、流程,为相关工作人员提供了指南,而且从顶层保证了试验规划设计的科学性,有力提高了工作效率和试验质量。

(92493 部队　鲁培耿　贺荣国)

美国高超声速试验技术发展现状综述

美国在高超声速飞行器技术领域持续研究已达 50 年以上,并在近年重点加大了高超声速武器装备的研发力度,期望在未来 10 年内具备作战能力。为此,美国高度重视高超声速试验技术与能力的持续提升,显著加强了试验技术与设施设备的开发和建设,以更好地支撑开展高超声速武器装备的研制试验与作战试验,满足高超声速武器研制与部署的急迫需求。

一、美国高超声速装备技术发展概况

美国围绕高超声速技术正在同步研发三类重点装备:高超声速导弹、高超声速飞机和可重复使用空天运载飞行器。

(一)高超声速导弹已经启动型号研制项目,预计 2025 年前形成装备

美军当前正在同步发展战略级与战术级高超声速导弹,其中战略级武器依托"常规快速全球打击"项目正在开发战略级高超声速助推滑翔弹,射程可能超过 5000 千米,将率先在美国海军攻击核潜艇上装备,目前已完成 3 次陆上试射(成功 2 次,失败 1 次),预计将在 2025 年前形成装备;战

术级武器目前已经启动了空射型高超声速常规导弹型号研制项目,同时依托"高超声速吸气式武器概念"和"战术助推滑翔"等项目正在同步开展高超声速巡航导弹和高超声速助推滑翔弹集成验证,预计将在2020年前完成飞行验证,2025年前形成装备。

(二)高超声速飞机已开始关键分系统集成验证,预计2025年左右验证机首飞

围绕高超声速作战飞机,美国空军、国防高级研究计划局(DARPA)、美国国家航空航天局(NASA)和洛克希德·马丁、波音等军工企业,正在开展总体方案、中等尺寸超燃冲压发动机、轻质耐高温材料与结构、机载雷达等一系列关键技术攻关。2016年8月,DARPA正式启动马赫数5级高超声速飞机全尺寸涡轮基组合循环发动机(TBCC)地面验证项目,计划2020年前完成全尺寸TBCC地面集成验证。综合近年来美国空军以及军工企业公布的相关信息,美军高超声速飞机预计将在2025年前后实现验证机首飞,2035年前后完成第一代高超声速飞机装备研制。

(三)可重复使用空天运载飞行器已启动可重复使用第一级飞行器的演示验证,预计2020年完成演示验证

围绕两级入轨可重复使用空天运载飞行器,美国正在重点瞄准其可重复使用的第一级飞行器开展研发,目前已启动可重复使用第一级飞行器的演示验证项目,并明确计划2018年实现首飞,2019年实现入轨飞行演示验证。

二、美国高超声速试验技术重大科研项目及投资现状

(一)"高速系统试验"(HSST)项目

HSST项目由美国国防部在试验鉴定/科学技术(T&E/S&T)计划下设

立，空军阿诺德工程与发展中心牵头，依托政府科研机构、企业及高校等40多家单位联合开展，是迄今美国国防部唯一一个专门针对高超声速试验鉴定技术开展的预研专项。

当前，美国试验鉴定能力在数据准确性、飞行条件复现和仿真、试验测试方法、生产率、建模与仿真逼真度以及试验场地安全性等方面存在诸多不足。为确保高速和高超声速武器系统能够在准确、健壮和充分的试验鉴定条件下得以成功研制，针对以上不足，HSST项目主要研发、验证和转化高速系统相关地面试验、开放空域飞行试验和计算工具等先进试验鉴定技术以及地面和飞行试验所需的设备和诊断系统技术。项目定位于资助技术成熟度等级为3~6级的试验技术，并为这些试验技术进一步应用于试验设施、形成试验鉴定能力降低技术风险。

目前该项目重点关注高速推进、气动力/热、数值仿真、测量仪器以及飞行试验等5个方面涉及的先进试验技术，用于支撑包括高速涡轮发动机、超燃冲压发动机、助推滑翔飞行器、再入飞行器、拦截器和电磁轨道炮等装备研发。

（二）中央试验鉴定投资计划（CTEIP）下的高超声速相关项目

CTEIP由美国国防部在1990年设立，重点发展建设满足多军种、高优先级、急迫需要的试验与鉴定能力。在各类试验鉴定硬件投资的基础上，支持技术成熟度为6级以上试验鉴定技术研发，发展建设试验设施，形成试验与鉴定能力。

CTEIP计划主要支持两个项目，分别是旨在试验能力升级改造的"联合提升与现代化"（JIM）项目和旨在弥补短期试验能力不足的"资源增强项目"（REP）。目前，JIM项目除了支持传统的核心试验鉴定能力建设之外，还专门支持了电子战和高超声速两大专题方向的试验鉴定能力建设。

其中高超声速专题主要围绕高超声速巡航导弹和助推滑翔导弹研制需求开展高超声速地面试验能力的开发和建设。

(三) 投资规模概况

美国国防部在高超声速试验鉴定领域用于技术开发和设施建设的投资经费主要通过两大计划来划拨,其中试验鉴定/科学技术计划下的"高速系统试验"项目近十年来(2008—2017 财年)每年经费规模在 2000 万美元左右,累计投资达 2 亿美元,且计划在未来五年内(2018—2022 财年)共投资约 7000 万美元。中央试验鉴定投资计划历年在高超声速领域的投资无法获知。据美国国防部试验资源管理中心的公开文件显示,该计划将在未来五年(2017—2021 财年)内在高超声速领域投资约 3.5 亿美元。

以上投资经费不包含现役试验设施的日常运行维护费用,这部分费用分别由各军种、国防部主管机关和 NASA 等相应主管部门承担。

三、美国高超声速试验技术重点方向及主要成果

(一) 重点方向

目前,美军重点围绕吸气式和助推滑翔式高超声速武器研制需求,持续提升相关地面和飞行试验技术、技能、设备和建模仿真能力。重点研究方向包括以下几项。

1. 地面试验技术

(1) 洁净空气加热/能量补充。

(2) 试验介质效应。

(3) 可变马赫数效应。

(4) 热通量。

（5）超高压空气。

（6）能量冲击。

（7）大型取样片和水汽凝结体评估。

（8）流动诊断。

（9）Mariah Ⅱ高超风洞。

（10）国家型的大能量激波风洞等。

2. 飞行试验技术

（1）自主式飞行终止。

（2）数据处理/数据交换。

（3）全球到达/有把握的通信。

（4）飞行中航空测试仪器。

（5）飞行中燃烧诊断等。

3. 建模与仿真试验技术

（1）高速燃烧。

（2）边界层迁移。

（3）推进模态转变。

（4）喷嘴流量变化。

（5）气流瞬变。

（6）武器毁伤效能。

（7）超高压力。

（8）等离子体等。

（二）主要成果

美国近年来在高超声速推进、气动力/热、飞行试验和仿真与建模等试验技术方面取得了一系列重要进展。

1. 推进试验技术方面

在当前高超声速气动推进地面试验能力的两个最重要的技术缺口——清洁空气加热技术和变马赫数试验技术上取得了进展。

通过整合集成此前 T&E/S&T 项目研究的部件技术,已建成了一座小尺寸、清洁空气、真实温度和变马赫数（$Ma = 4.5 \sim 7.5$）的气动推进试验设施,即"高超声速气动热与推进清洁空气试验台"（HAPCAT）。该试验台的建成将验证相关部件技术及其集成已经达到了技术成熟度 6 级,为国防部提供一座可用的试验资产,并为建设一座全尺寸设施降低技术风险。HAPCAT 项目持续研发并验证了可提供变压力变温度同质气流的气流输送系统技术。

大尺寸超燃冲压发动机试验技术项目取得的成果包括:考察利用现有地面试验设施和方法来鉴定与发展大尺寸高超声速推进系统的能力;完成了一型先进碳氢燃料导弹尺寸超燃冲压发动机半自由射流的试验测试;完成了对大型和小型试验设施的对比测试分析工作,明确了现有试验设施的可用性,定义了未来大尺寸超燃冲压发动机飞行器研发以及降低相关飞行试验和采办所需要的投资规模和类型。

2. 气动力/热试验技术方面

完成并鉴定了大能量国家激波风洞 II 的扩建工作。评估结果表明设施运行时间延长了 3 倍,这项能力的提升将有助于填补一项关键试验能力空白,支持未来高超声速飞行器项目。升级后的试验设施将能够支撑充分开发影响飞行器性能的复杂气流特征,考察控制舵面的响应特性和效率,评估鉴定气动性能等。

完成了中等压力电弧加热器概念方案与初步设计工作,并启动了系统研制。新方案采用分段式加热器替代了现有的 Huels 管式电弧加热器,气动加热试验包线比当前扩展了 3 倍。该样机将提供长达 30 分钟的试验测试时间，并可使典型高超声速飞行器热防护系统面临更大的热载荷。

研究了如何更好地预测和测量边界层生长和转捩对高超声速飞行器性能的影响。了解并预测边界层转捩是高超声速研究面临的关键问题，该现象对飞行器热载荷、操稳与控制，以及总体性能都影响显著。相关研究成果将用于验证当前边界层转捩机理的预测工具和测量。项目开展了多个风洞的试验测试，对比分析不同试验布局条件下三维边界层稳定性和转捩特性。

3. 飞行试验技术

持续研发便携式陆基高空激光探测与测量（LIDAR）系统，用于测量高超声速飞行器飞行路径上的大气数据（密度、温度、压力、风速风向、氧气及水分等）。LIDAR系统将提高高空大气条件的测量精度。这些大气数据将用于评估在研吸气式导弹和助推滑翔导弹的性能和可操作性。目前完成了LIDAR大气传感测量的试验和验证工作，这套便携式系统也已经转场到位，用于在沿海飞行测试场进行的相关试验，以验证该系统在海上环境的运行性能。已经启动了机载型LIDAR系统的初步设计以及相关部件硬件的测试工作。

开展了高逼真度自动可重构机载跟踪系统研究，该系统将提供高超声速飞行器在飞行过程中的高分辨率成像数据。目前已经完成了将其集成到"全球鹰"无人机上的初步设计。

完成了基于无人机的试验场保障研究，考察了基于一型高空长航时无人机来保障高超声速飞行器飞行试验与鉴定的技术性能和作战概念。分析了遥测、光学遥感和LIDAR大气测量设备能力，以评估这些设备放置在空中平台上的技术能力。计划开展一项将这些遥测能力集成到一型高空长航时无人机平台上的技术演示验证项目，目前已经启动了设计、制造和安装等工作。

在脉冲试验设施中测量了典型助推滑翔飞行器表面热辐射数据,以评估不同表面材料组分、处理工艺和滤镜频率对热成像的影响。

4. 仿真与建模技术方面

利用HSST超燃冲压发动机试验和边界层试验的统一数据,持续开展了CFD软件的验证与提升工作。开发了一种经过验证的边界层转捩预测工具,可用于复杂三维助推滑翔飞行器几何外形研究。这些软件可支撑对试验样件表面在不同曲率、雷诺数和攻角等条件下边界层转捩特征和程度进行预测和分析。

在瞬态热分析软件方面完成了气动热软件模块与结构加热软件模块的集成。该软件正在由多个机构进行检测调试,并已经开放给高超声速研究机构以支撑对飞行试验的规划和分析。

四、结束语

高超声速试验技术和设施设备是支撑掌握高超声速科学理论、验证高超声速技术以及开展高超声速武器装备工程研制不可或缺的基础能力,是高超声速科研能力体系建设的重要组成部分。从战略规划、经费规模、技术水平等方面来看,美国近年来在高超声速试验技术科研领域持续保持在较高水平,相关进展和发展动向值得密切关注。

(中国航空工业发展研究中心 廖孟豪)

美军 RMS 试验鉴定技术应用及发展

半个多世纪以来,美国作为世界上最大的军事强国,每年的国防开支达数千亿美元。因此,武器装备可靠性、维修性、保障性的验证与评价,一直受到美军的关注。美国《国防》杂志 2017 年的文章中提及,美国空军在更新到寿空中加油机的工作中,为保证战机飞行对加油机维修性提出了要求。在 4 月向叙利亚沙伊拉特空军基地发射最新型"战斧"4 导弹的试验中,美军发现了其系统可靠性存在问题。英国反应发动机公司(Reaction Engines)在美国为其"佩刀"发动机建设高超声速发动机试验设施,并将该发动机可靠性、维修性的验证布置在核心飞行试验计划中。美国国防高级研究计划局(DARPA)于 8 月宣布启动"自主保障"研究项目,旨在确保自主系统能够按预期安全运行,提高机器自主技术的可靠性。

正是由于这种庞大的军事需求,推动了美国可靠性、维修性、保障性、测试性、安全性(RMS)的发展,使其武器装备 RMS 技术水平居世界领先地位。为掌握、评价、分析和提高产品的 RMS 而进行的 RMS 试验鉴定已成为美军装备一体化试验中较为重要的组成部分。RMS 试验鉴定技术已在美军各类装备中进行了广泛应用,第四代战斗机 F-22 和 F-35 就是较为有代表性的案例。

一、美军 RMS 试验鉴定技术应用

美军装备的 RMS 试验鉴定发展至今，已被纳入整个武器装备的试验与验证中，也在研制试验鉴定和作战试验鉴定两大类试验中，包含了相关指标的定量及定性评价，见表 1。

表 1　RMS 工作内容

阶段	研制试验鉴定	作战试验鉴定
方案与技术开发阶段	结合实验室性能试验，可靠性研制/增长、寿命试验、环境试验、现场试验和 RMS 仿真试验等，全面收集和分析与产品有关的数据和信息，运用各种有效方法对装备的 RMS 进行综合评估。对保障性指标和保障资源满足使用要求程度进行初步试验、评价	验证单位介入，收集和分析与 RMS 使用参数有关的数据。初步规划作战试验鉴定中的 RMS 试验鉴定工作
工程与制造开发阶段		收集和分析相关数据，对装备可靠性、维修性、保障性的使用参数进行独立的早期评估，规划和设计作战试验鉴定试验
生产与部署阶段	按照合同要求对设备进行可靠性验收和耐久性试验	在真实的条件下对装备的可靠性、维修性、测试性、保障性和保障资源进行评价和验证
使用与保障阶段		通过对装备的战备完好性和可靠性、维修性、测试性、保障性的评价得出装备使用适用性的全面评价

（一）可靠性试验鉴定技术应用

美军十分重视论证、设计、试验等装备研制各个阶段的可靠性工作。美军在可靠性试验方面，坚持"预防为主"的方针，重视高加速寿命试验和综合利用各种试验信息，以最大限度降低费用。为了提高可靠性效率，

美军尽可能将可靠性试验与性能试验、环境试验和耐久性试验结合起来进行综合试验。

可靠性试验通常情况下包括环境应力筛选、可靠性研制试验、可靠性增长试验、可靠性鉴定试验、可靠性验收试验、寿命试验与加速寿命试验、耐久性试验、可靠性强化试验、高加速应力试验等几类。如 F/A－18A 战斗机的研制专门制定了可靠性增长计划，通过对全机开展累计 78000 试验小时的可靠性增长试验，对 1500 个故障模式进行了分析和纠正，采取了约 30% 的改正措施。

美国军用手册 MIL－HDBK－781A《工程研制、鉴定和生产可靠性试验方法、方案和环境》中提出可靠性保证试验，在模拟工作条件下通过无故障试验来验证平均无故障间隔时间（MTBF），除了确证早期缺陷失效已经消除外，还能从理论上保证达到某一种规定的最小值，因为其适合小子样复杂产品，而且试验时间较短，具有良好的经济效益，因此受到关注。可靠性保证试验在短时间内可验证较大的 MTBF 值，可用于生产过程中那些早已通过可靠性鉴定试验的设备，为生产者提供了较高的成功率。

根据美国军用手册的相关内容，结合实际情况，确定 MTBF 保证试验具体包括确定应力类型和量值、估计试验时间、指定试验计划、实施试验和故障分析、试验数据和结果分析等几个部分。从总体上讲，MTBF 保证试验，是采用一种无失效区间的概念来验证 MTBF，它与用以消除早期缺陷的环境应力筛选（ESS）联合进行。整个试验过程从 ESS 开始，当按选定的时间完成 ESS 后，产品便进入 MTBF 保证试验阶段，并在任务剖面规定的环境条件下进行。

（二）维修性试验鉴定技术应用

美军于 20 世纪 50 年代后期开展装备维修性工作，形成并不断完善了

MIL‐STD‐470B《维修性大纲要求》及 MIL‐STD‐471A《维修性验证、演示和评估》两项重要标准,规定了武器装备发展中要进行的维修性试验工作内容,提供了维修性验证的技术和方法。MIL‐HDBK‐470A《维修性手册》中,对维修性验证的维修性试验规划、选择验证的维修性指标、选择验证的试验方法、验证环境和要求、维修性作业抽样和统计型维修性验证方案等内容进行了规定。综合考虑验证指标、指标统计特征、需验证的样本量及其抽样方法等影响因素,提供了11种维修性试验方法,见表2。

表2 美军维修性试验方法

方案序号	试验指标	假设	样本大小	样本选择
1‐A	均值	对数正态分布及有关方差知识	见试验方法	自然发生失效或分层
1‐B	均值	无分布假设及有关方差知识	见试验方法	自然发生失效或分层
2	临界百分位	对数正态分布及有关方差知识	见试验方法	自然发生失效或分层
3	临界维修时间或工时	无	见试验方法	
4	中值	特定方差对数正态	见试验方法	
5	飞行中可计入的维修停机时间	无	见试验方法	自然发生失效
6	工时率	无	见试验方法	自然发生失效
7	工时率	无	见试验方法	自然发生失效或分层
8	均值和百分位/双百分位	对数正态/无	见试验方法	
9	均值/M_{max}	无	最小30	
10	中值,M_{maxCT},M_{maxPM}	无	最小50	
11	均值 M_{max}	无	所有可能作业	

在发布试验通用标准的基础上，美军针对不同类型的武器装备进行验证指标细化。例如，美国空军战略司令部将平均修复时间、最大修复时间、故障检测率及故障隔离率作为导弹武器系统的维修性参数，并需根据美国空军大纲中规定的提高战斗力、减少中间级保障机构、提高机动性、减持人力要求和降低成本等目标进行指标转换。

为保证维修性试验及其数据收集工作顺利进行，需详细制定维修性试验鉴定计划。维修性试验实施阶段的工作主要包括确定试验样本量选择与分配维修作业样本、故障模拟与排除、预防性维修试验、收集分析与处理维修性试验数据、试验数据评定等。

美军车辆装备的维修性试验贯穿于整个车辆装备的研制、鉴定及使用过程中，结合车辆装备的其他试验，如可靠性、耐久性试验，整车性能试验，严寒/热带/沙漠环境适应性试验，战术使用试验等同步进行。针对试验中出现的故障，通过规划规定的维系级别的维修作业的试验来实施维修。当维修作业的统计数目达到要求时，收集的数据可用于确定是否满足维修性要求，当维修性数据不足或评价特殊作业时，可通过故障模拟进行补充。在验证试验中收集定量数据的同时，还需对在试验中获得的定性信息进行收集和分析，以评定车辆装备维修性是否满足维修性定性要求。

（三）保障性试验鉴定技术应用

美国国防部于20世纪90年代将综合后勤保障纳入国防部指示DoDI5000.2《防务采办管理政策和程序》，确定综合后勤保障为装备采办工作不可分割的组成部分。保障性在美国新一代装备研制中均得到重视，如联合攻击战斗机项目研制伊始，就明确将杀伤力、生存性和保障性分列为飞机三大性能参数。随着保障性工程的产生，相关指示、指令及配套文件的相继应用，使得美军装备的保障性工作不断得到深入和发展，见表3。

表 3 美军保障性工作阶段性安排

阶段	保障性工作
方案阶段	确定试验鉴定策略
技术开发阶段	制定综合试验计划和作战试验鉴定计划,评估技术方案的保障性水平,判别技术风险是否可以接受
工程与制造开发阶段	进行保障性使用评估
生产与部署阶段	评价系统的保障性水平,确认系统的保障性设计问题是否已得到解决,以决策是否具备了进入初始小批量生产或全速批量生产的条件
使用与保障阶段	评价保障性设计问题纠正措施的有效性,评估保障性设计改进后装备系统在部队使用时的保障性水平,全面评价系统的保障性指标以及系统升级或改进的影响

美军的装备保障性验证主要沿着装备的采办过程与其他性能试验验证相结合,采用预测→试验→对比改进的迭代途径:利用模型进行预测或仿真分析,将预测结果与合同要求进行对比达到验证目的,以较低成本快速完善装备保障性设计;结合装备硬件或试验平台进行内场或外场试验验证,在提高实物试验效率的同时,节约了大量的试验经费。美军的验证技术方法,主体上可分为基于分析和基于试验验证技术两类。基于分析的验证方法泛指利用数学模型计算、仿真分析、定性核查等方法进行比对分析、评估的验证方法;基于试验验证技术的方法,主要指依靠外场及逻辑靶场试验、虚拟试验验证技术、硬件或人在回路的试验验证技术、演示验证技术等。

(四) 测试性试验设计分析与验证技术应用

美国国防部于 1978 年颁布 MIL – STD – 471A 通告 2《设备或系统 BIT、外部测试的故障隔离和测试性特性要求的验证及评价》,最早以军用标准的形式规定了较为完整的用实际产品演示试验进行测试性 BIT 验证的方法。在采用定数试验方案的前提下，基于维修性试验确定测试性试验验证的样本选取方法，采用维修性试验中的维修任务数量对应的模拟故障数量作为样本量。将被测设备逐层分解到组件级，根据各个组件的故障率大小确定故障的相对频数，将样本量相对发生频数分配到各个组件，得到各个组件进行样本量分配值。对每个组件，根据样本量分配值的 4 倍数量确定备选故障模式，然后按备选故障模式的相对发生频数，利用随机数来选择试验所用的故障模式。同年颁发的 MIL – STD – 2165《电子系统和设备可测试性大纲》，详细规定了研制阶段应实施的测试性工作及方法，该标准 1993 年进行了适应性调整并形成 MIL – STD – 2165A。

测试性验证是在总体方案的指导下，遵循一定理论基础开展的，具体包括确定故障样本量、抽取故障模式、确定接收/拒收判定标准。在确定故障样本量后，从被测单元（UUT）的故障模式集里抽取规定数量的故障模式构成故障样本集。故障样本选取和接收/拒收判据基于同一理论。基于二项分布确定的抽样方案进行接收/拒收判定，或是根据试验评估结果给出故障检测率（FDR）、故障隔离率（FIR）的置信下限，并与规定的最低可接收值进行比较，给出接收/拒收判定结论。测试性指标评估可以在装备研制的任一阶段进行，既可以是研制阶段的测试性预计，也可以是定型阶段和外场使用阶段基于试验数据的统计评估。测试性指标评估方法可采用基于概率信息的指标评估方法、基于试验数据的指标评估方法、测试性综合评估方法等。

进行测试性指标评估的根本目标是要给出装备或系统的尽量接近真实值的、反映研制水平的统计指标。因此，测试性指标综合评估为解决"小子样"测试性指标评估而扩大信息量，充分运用与测试性相关的所有信息，建立能将不同类型信息融合的模型，然后评估装备测试性指标。测试性综合验证中既有小子样实物试验数据，又有大样本虚拟验证试验数据，同时还有研制阶段先验信息。

（五）安全性验证与评价技术应用

美军的安全性理论体系和评估方法是经过多年发展及完善的。原美国汽车工程师协会（SEA）于1996年颁布了ARP4754《关于高度综合或复杂飞机系统的合格审定考虑》和ARP4761《民用飞机机载系统和设备安全性评估过程的指南和方法》两项指南。美国国防部吸收了民航适航审查的思想，于2002年颁布了MIL STD 882D，将民航安全性评估方法应用于军用装备的安全性评估中，有力地提升了军用装备的安全性设计评估水平。在结合应用反馈的基础上，于2012年颁布MIL-STD-882E，更名为《系统安全性》。美国军机安全性工作分为整机级安全性分析、系统级安全性分析、系统级安全性验证和整机级安全性验证4个主要部分。其中，系统级安全性分析是在系统、分系统层面对能够影响整机安全功能的失效状态进行的系统分析，包括分析系统、分系统功能失效的影响及其影响程度，分配各分系统、设备的系统安全性评估指标等。系统安全性验证则是在系统级安全性分析所建立故障树的基础上，利用供应商、子供应商给出的部件和设备的安全性、可靠性数据来验证系统、分系统的失效模式是否达到系统可靠性、安全性要求。

系统级安全性验证是通过对已经初步完成设计的系统进行全面验证，用以表明由整机级功能危险分析拟定的系统安全性目标和由整机级故障树分析得出的系统安全性指标得到了满足，包含定性和定量验证。对整机级系统安全性分析结果中严酷等级为Ⅰ、Ⅱ类的失效状态进行定量、定性验证；对严酷等级为Ⅲ、Ⅳ类的失效状态进行定性验证。

系统级安全性验证首先需要获得系统级的故障模式与影响汇总（FMES），为系统级动态故障树分析（DFTA）提供所需的失效率。通过将若干故障模式与影响分析（FMEA）中具有相同失效影响的失效模式归为一类形成分析结果FMES。在此基础上，对各严酷等级的失效状态进行相应验证，Ⅰ、Ⅱ类失效状态进行故障树验证，Ⅲ、Ⅳ类失效状态进行文件验证，可选择DFTA对系统级故障树Ⅰ、Ⅱ类失效状态进行系统级安全性定量验证。在系统安全性验证中，利用故障树分析计算顶事件的发生概率，判断设计是否达到安全性目标，找出设计或系统的缺陷。系统级安全性分析的重点分析对象是严酷等级为Ⅰ类、Ⅱ类的失效状态，根据系统安全性要求，这两类失效状态的失效率必须不高于相应的系统安全性评估指标，且不存在单点故障。为了检验系统是否满足安全性要求，必须先完成各个分系统的设计方案分析，检验设计结果，然后再总结系统的检验结果。最后，对系统级系统安全性设计、检验分析和系统级故障树分析验证结果进行系统级安全性验证结果总结，连接系统级和整机级的安全性验证过程。

（六）环境适应性试验鉴定技术应用

环境适应性是考核装备可靠性中的一个重要环节，在美军装备试验鉴定中占有很高的地位。美军于20世纪60年代起，就制定了环境试验系列标准MIL-STD-810《环境试验方法和工程导则》，在不断的修改完善下，该标准现已形成MIL-STD-810F。该标准从内容上整体分为实验室试验、自然环境试验和使用环境试验三大类，可供美军大部分武器装备参考开展环境适应性试验。在此基础上，各军兵种也通过制定专业试验规程提供支持，如美国陆军装备试验规程。

美国不同军兵种，在针对自身装备环境适应性试验鉴定的工作中，逐步建立了适合自身的工作流程及方式。以美国陆军为例，其装备环境适应性试验鉴定的流程主要为确定试验鉴定需求、试验前计划制定分析、试验活动与数据管理、试验后综合评估及试验鉴定决策五部分。制定试验鉴定的目标，确定试验鉴定的需求，简历模型/仿真系统及应用范围，对武器装备系统的信息与用户所需的信息进行战术性能评估和效能评估。在试验前确定试验鉴定活动所需数据的类型和数量、预期或预计能从试验得到的结果，以及确定试验鉴定所需的工具和资源、分析与评定试验技术途径和方案的可行性等。在进行试验前分析期间，必要时还通过建模与系统仿真来完成设计试验场景、建立试验环境确定合适的试验仪器需求、确定对试验资源的分配和控制、优选最佳的试验顺序、预测试验结果等工作。试验活动与数据管理就是进行试验规划、实施和数据管理工作，包括进行试验规划、试验实施并报告试验结果、数据收集、处理和评价，提交试验报告。试验后综合评估主要分析武器装备系统的性能，比较测量结果与预测结果的一致性、对装备的环境适应性做出判断、评估和鉴定等。当测量结果与预测结果不一致时，必须对试验条件和试验过程进行复查，以查明确切原因，必要时需重新进行试验。试验鉴定决策通过将试验鉴定结果与其他项目信息进行全面权衡比较，为装备后续的装备和服役工作做好铺垫。

二、美军 RMS 试验鉴定发展方向

（一）关注软件 RMS 试验鉴定

随着软件在武器装备中占比的增加，软件已成为武器装备研制风险最大的部分，因此美军在进行大量统计研究后，对软件 RMS 也非常关注。如美军 F-22 战斗机的研制中对软件的保障性问题进行了全面的考虑，为了更好地保证 F-22 软件的保障性，其后勤保障部专门开展软件保障性研究

并开发了用以提高 F-22 软件保障性的相应工具。除此之外，美国空军为保证 F-22 的研制过程能按计划进行，专门为其航空电子软件规定了可靠性要求，并将其具体指标作为进入作战试验鉴定的判据。针对其航电系统软件，开展了多阶段、多方式的软件测试。

(二) 应用仿真验证与虚拟技术

仿真与虚拟技术的全面应用，也对美军 RMS 试验技术的发展有很大的影响。F-35、F-22 就广泛应用了建模与仿真技术，对其 RMS 设计分析和试验鉴定。F-35 战斗机的全任务仿真系统是用于飞机要求论证、设计分析、试验鉴定的仿真系统（包括作战、性能及 RMS 仿真）。在 F-35 方案验证阶段，保障性分析与综合小组采用"保障性建模、仿真和分析"来评估各种后勤完好性参数，应用了不同层次的仿真模型。在工程研制阶段，将建模与仿真单独或作为分布式任务训练的要求应用于 F-35 训练环境。F-35 作战试验鉴定过程利用建模与仿真技术开发了可靠性、维修性和保障性评价软件工具——战备完好性试验的可用度快速评价模型。如洛克希德·马丁公司利用虚拟维修技术对 F-22 及联合攻击战斗机（JSF）项目进行人机功效分析，在设计阶段对可达性、可视性等维修性定量指标进行验证。

(三) 发展预测与健康管理（PHM）技术

PHM 系统是新一代武器装备的重要组成部分，使装备能预测故障、诊断自身的健康状况。在故障发生前预测故障状况，并且给维修和保障人员提供维修与供应保障信息，从而缩短维修与供应时间。PHM 从传统的基于传感器的诊断转向基于智能系统的预测，从反应式的通信转向在准确时间对准确的部位进行准确维修的先导式活动。PHM 利用先进的传感器的集成，并借助各种算法和智能模型来预测、诊断、监控和管理装备的状态，将使装备的事后维修和定期维修转向基于状态的维修。PHM 可完成包括故障检测、故障隔离、故障预测、剩余使用寿命预计、部件寿命跟踪、性能降级趋势跟踪、保证期跟踪、故障选择性报告、辅助决策和资源管理、容错等在内的主要功能。

（四）增加高加速寿命试验和高加速应力筛选的使用

在预算缩减的压力下，RMS 及其试验鉴定技术仍是美国国防部领导人和项目经理关注的重点。为了改进武器系统和军用设备可靠性，国防部已要求增加了高加速寿命试验/高加速应力筛选（HALT/HASS）的使用。现在，美国国防部决策者通过广泛采用 HALT/HASS 方法，来提高关键系统、军事电子分组件和元件的可靠性。近年来，越来越多的美国国防部机构发布了政策声明、条例和其他指令，要求在关键项目上实施 HALT/HASS。如，美国国防部主管采办、技术和后勤的副国防部长于 2016 年 7 月针对 HALT/HASS 的价值、可行性和成本发布了报告。报告认为，HALT 的价值是在系统研制过程早期发现失效模式、失效机理，并减少这些失效；HASS 的价值是在产品批量生产前，识别生产件的潜在失效或间歇性失效。在当今技术复杂性日益增长、失效模式和机理预测困难的形势下，实施 HALT 有助于暴露失效模式。如果适当开展，HALT 可以两种方式提高系统可靠性，一是改进系统对不规则事件的抵抗力，二是延长系统的有用寿命。目前，此种可靠性试验已被更多的国防部高层项目和采办官员作为军种和国防机构合同的组成部分加以强制实施。

三、总结与启示

经过对美军 RMS 试验鉴定技术的应用和发展方向的初步研究，美军 RMS 试验鉴定整体上具有以下几方面特点。

一是美军 RMS 试验鉴定被纳入装备试验鉴定主计划中，并与其他试验鉴定工作紧密结合进行，从装备研制初始就将 RMS 的相关指标纳入设计过程，从而通过对装备设计的影响来提高装备的性能。

二是美军制定颁发了一系列装备试验鉴定的标准、法规与条例，有利地推动并规范了装备的 RMS 试验鉴定工作，为整个 RMS 试验鉴定建立起了一个较完善的理论体系，相关标准、法规的颁布能够保证试验人员在试验过程中有章可循、有法可依，提高了试验的准确性和可信性。

三是美军在整个研制及试验的过程中，采用多种试验鉴定方法，重视 RMS 信息的收集，为装备 RMS 试验积累数据，保证了大量的数据支持。

四是在系统研制中使试验部队尽早介入，尽快暴露出潜在的问题，并经济有效地加以解决。装备 RMS 试验鉴定应尽可能在有代表性的装备上进行，结合部队的实际，提出相应的试验要求。

（航天科技集团十二院航天装备试验鉴定中心　宋功媛　陈红涛　李静）

美军逻辑靶场发展及启示

逻辑靶场是由一组"真实、虚拟、构造的"(LVC)资源组合而成,支持特定试验任务或训练演习的系统族,是基于公共的体系结构标准、对象模型和软件平台,依托高速通信网络,集成试验、训练、仿真和高性能计算技术,形成跨地域、跨军种、跨专业的多靶场联合体,逻辑上等同于一个大型综合靶场。美军始终稳步推进逻辑靶场能力建设,2006 年启动的联合任务环境试验能力计划致力于将遍布全美的 LVC 试验资源接入联合任务环境试验能力保密网(JSN),构建面向三军联合试验和训练任务的逻辑靶场。截至 2017 年末,已有 79 个试验场、试验基地接入保密网,这个数字还将继续增加。

一、美军提出逻辑靶场的背景

20 世纪末,美国国防部意识到现有的试验和训练基础设施无法支持"联合愿景 2010"战略所规划的未来军事行动框架的尺度、规模和范围。1997 年,美国国防部在"2010 基础倡议联合顶层需求文件"中指出,国防部试验鉴定部门"必须继续试验、分析和评估越来越复杂的武器装备系统,以维持美国的军事优势。我们必须以作战的方式进行试验和训练。因为资金和资源限制而将实弹射击试验限制在几个关键的数据点或行动中,将使用户无法充分了解武器系统。为了最大限度地了解武器系统的性能和效能,国防部试验鉴定部门必须能够利用和整合所有可用资源的数据,包括建模和仿真、半实物仿真实验室、固定系统试验设施和露天靶场。另外,国防部试验鉴定部门也要吸纳训练行动获得的数据以及嵌入式测量能力,进一步增强我们对武器系统能力的理解。国防部靶场、设施和仿真之间要提升互操作性,确保当前和未来的武器系统能够以高效费比的方式试验各种性能。国防部靶场、设施和仿真自发地发展,导致重复工作和资源浪费,流程和程序不统一,以及基本试验和训练资源的使用周期、类型和能力的多种多样,如仪器仪表、计算机、软件、通信系统和数据显示系统"。

由此可见,美国国防部已经意识到如果不能很快建立起具有互操作性的统一框架,随着建模和仿真技术越来越多地用于支持装备采办,必将引发新一轮的试验资源重复建设,进一步拉大能力差距。国防部根据试验鉴定信托投资委员会的建议,于1998财年初启动"基础倡议2010"计划,该计划包含4个项目:试验和训练使能体系结构(TENA)、通用显示与处理系统(CDAPS)、虚拟试验与训练靶场(VTTR)和联合区域性靶场综合体(JRRC)。该计划采用更全面的软件重用概念,使用先进的计算技术进行开发,充分利用分布式、交互式仿真技术和大量民用现成技术。开发成果将包括一整套通用一体化软件和流程,可显著提高数据采集、网络、处理、显示和存储等仪器资源的配置和重构能力,支持试验鉴定任务和训练演习。逻辑靶场就是"基础倡议2010"计划的发展成果。

二、美军逻辑靶场的基本构成和运行机制

图1是逻辑靶场的基本构成，包含四部分：一是靶场资源应用，如测量或处理系统；二是通过网关接入逻辑靶场的测量/处理系统、被试系统、仿真、C^4ISR系统等；三是支持数据实时交换的中间件；四是支持靶场资源和工具之间通信的对象模型。

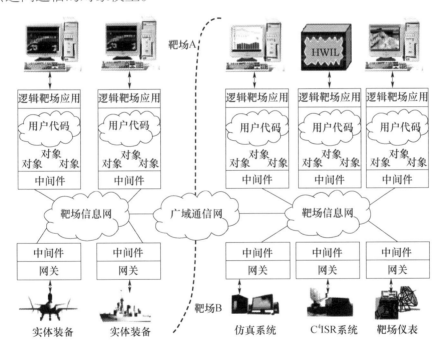

图1　美军逻辑靶场组成

逻辑靶场运行机制如图2所示，包括三个阶段、五个基本任务。三个阶段是：在靶场行动前、行动中和行动后；其中包含五个迭代任务：

需求定义——定义靶场行动目的和目标。

行动计划——完成试验训练行动所有计划，包括想定设计。

行动构建、设置及预演——完成试验训练行动所有准备工作，如软件开发、创建逻辑靶场、硬件和通信系统设置以及测试。

行动实施——运行想定并采集数据。

分析及报告——根据行动目标分析采集的数据并形成报告。

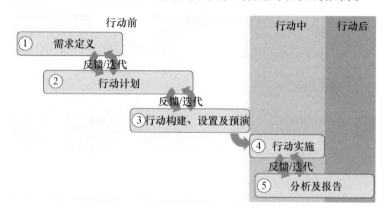

图 2　逻辑靶场各主要阶段任务及其相互关系

表1～表5分别介绍了5个任务的目标、基本流程和阶段性成果。

表 1　"需求定义"相关内容

任务1	需求定义
目标	用户和行动分析员共同确定靶场行动的总体目的；评估用户所述目标的可行性；评估所需的任务能力，确定高级想定，包括必要的战术系统和作战流程；将作战背景分解为逻辑实体、环境实体、组织实体、层次结构等
基本流程	①明确任务和任务保障要求，确定关键作战问题、效能指标、性能指标和关键性能参数； ②明确行动目标； ③开发高级想定，明确必要的作战力量、战术系统和设备，行动流程，作战环境； ④逻辑靶场概念分析； ⑤定义行动需求，将上述步骤的结果累积并记录在正式要求文件中； ⑥制定分析计划、成本和进度

(续)

任务1	需求定义
阶段性成果	①行动需求文件； ②高级想定文件； ③逻辑靶场概念模型； ④分析计划； ⑤总体进度安排（包括时间表和里程碑）

表2 "行动计划"相关内容

任务2	行动计划
目标	制定详细行动实施计划，包括想定实体、行动和时间线；靶场资源准备；分析操作；数据采集
基本流程	①确定所需资源； ②研究之前行动的信息； ③制定详细的行动时间表； ④设计详细的想定； ⑤分配资源功能； ⑥分析逻辑靶场概念，详细描述逻辑靶场； ⑦风险评估和降低计划； ⑧制定详细的行动流程和计划
阶段性成果	①想定细节； ②逻辑靶场的详细说明（"行动模型"）； ③试验训练行动实施计划； ④详细的行动安排； ⑤行动分析计划

表3 "行动构建、设置及预演"相关内容

任务3	行动构建、设置及预演
目标	为试验和训练行动创造前提条件。定义逻辑靶场对象模型，任何靶场资源应用程序都要支持此逻辑靶场对象模型，逻辑靶场结构被集成、测试、预演并准备好实施试验训练行动

(续)

任务 3	行动构建、设置及预演相关内容
基本流程	①定义逻辑靶场对象模型； ②对象升级； ③创建初始化数据（想定、环境）； ④逻辑靶场的设置和测试； ⑤处理突发情况； ⑥行动预演
阶段性成果	①逻辑靶场对象模型； ②检验和校核数据； ③可运行的靶场资源应用程序； ④初始化数据库； ⑤可运行的最终逻辑靶场配置

表4 "行动实施"相关内容

任务 4	行动实施
目标	根据计划，利用行动构建、设置和预演任务中创建和集成的靶场资源、数据库和网络来实施试验和训练行动。行动控制器对试验训练行动实施监控、管理和控制。采集必要的数据，并执行一些实时或快速分析
基本流程	①行动初始化； ②监控靶场资源； ③监控网络资源； ④运行想定； ⑤采集和归档数据； ⑥管理和监控逻辑靶场； ⑦评估进行中的试验训练行动
阶段性成果	行动数据

表5 "分析及报告"相关内容

任务5	分析及报告
目标	详细回顾和分析试验训练行动的实施过程,以及行动期间采集的数据。对于试验行动,分析得出试验要解决的基本问题的答案,全面实现用户的目标。对于训练行动,分析工作为训练监督人员和其他参与者提供反馈信息。回顾行动期间观察到的所有问题和异常情况,从中得到经验教训
基本流程	①生成简报; ②整合采集到的数据; ③行动后处理和精简数据; ④试验任务回放,训练演习汇报; ⑤向资源数据库中加入新资源; ⑥编写行动报告,开始训练行动评审,形成改进意见; ⑦对试验和训练行动得到的经验教训进行记录、分发和归档
阶段性成果	①精简后的数据; ②行动简报; ③试验和训练行动最终报告; ④试验和训练改进意见; ⑤逻辑靶场的经验教训; ⑥可重用的数据; ⑦可重用的资源

三、美军逻辑靶场的主要特点

(1)分布性。逻辑靶场运行在由多个通信网络连接的彼此分散的硬件平台上。多个用户将能够访问来自各种数据库的数据,制定演习计划,并且能够查询其他参与者的可用性以及当前或未来的作战能力。

(2)可扩展性。逻辑靶场的组件能够针对更多要求轻松升级或修改,无需重新构建现有架构，如：为了规划和控制演习而提供更多种类的工作站；集成新的数据网络；加入新的传感器、武器及其模型等。

（3）互操作性。在逻辑靶场运行期间，武器系统、作战单位或部队能够提供和接收来自其他武器系统、作战单位或部队的服务，并使用这些服务，实现有效协同作战。互操作性允许一个试验或训练设施可由其他多个设施无缝地"按需"使用和控制，如同一个有机整体。

（4）可变性。逻辑靶场将在最大程度上支持对软硬件组件修改，以适应各种任务、各种新系统或环境，或性能需求的变化。模块化和标准接口实现逻辑靶场的可变性。例如，传感器或武器系统仿真的各种性能参数必须用数据文件进行预设且可修改，而不能用"硬"编码实现。

（5）可移植性。逻辑靶场的系统、软硬件组件或数据可以从一个软硬件环境或系统方便地转移到另一个环境中。借助通用接口，软硬件组件和数据可以轻易插入各种环境和系统中，不需要重新格式化或改动接口。

（6）可重用性。可重用性是在多个靶场和设施上使用相同开发结果和功能的能力，如图形显示软件包、过程、子程序和文档模板等。重用性可显著节省逻辑靶场开发和维护成本，是实现数据共享和装备互操作性的有效途径。

（7）可伸缩性。逻辑靶场相同的架构和应用软件可在各种不同类型的软硬件平台上运行，是适应不同规模、不同复杂程度靶场任务的能力。逻辑靶场规模可轻易地伸缩以适应工作量的变化，能够满足用户差异很大的使用要求。

（8）共享性。逻辑靶场支持共享性，即一个设施直接使用另一个设施或设备生成的成果。

（9）易用性。逻辑靶场用户能够有效、高效地实施试验和训练任务。

操作人员不需要特殊的训练就能通过标准的系统界面来使用这些逻辑靶场的各种功能。操作界面非常友好，通过点击鼠标、跟踪球、下拉菜单、键盘或其他简单的界面设备进行操作，按照手册或在线帮助提供的说明和指导来完成任务。

四、启示

（一）逻辑靶场是军事靶场的一个发展方向

纵观美军靶场的发展历程，从按军兵种和不同武器装备发展的需要，"烟囱式"地独立建设不同功能用途的试验训练靶场，发展到今天以"网络中心战"思想为核心，将已有试验和训练资产与先进信息和仿真技术相结合，集成试验、训练、仿真、网络和高性能计算技术构建起逻辑靶场，信息技术是一支重要的驱动力量。随着计算机网络、通信及仿真等技术的进一步发展，逻辑靶场面临的互操作性、分散性开发、真实性等技术挑战有望逐步克服，逻辑靶场将成为一个动态实体，能够调度和集成资源、计划、程序，向用户提供准确数据，从而满足装备试验和部队训练的要求。

（二）重视逻辑靶场架构的模块化顶层设计

美军逻辑靶场采取了自上而下推进的发展模式。美国国防部根据"愿景2010"战略对作战能力的需求，提出试验训练一体化发展目标，并着手开发"试验和训练使能架构"用于统一陆海空三军已有的试验训练资源，将其纳入国防部标准化逻辑靶场体系中。

（三）充分发挥已有靶场资源的作用

逻辑靶场的出现，减少了已有靶场设施的重复性建设，降低了靶场测量仪器和软件的维护成本,促进了多个靶场之间的试验鉴定和训练资产整合,从而提供了满足现代化武器系统和战术训练需要的装备试验和部队训练战场空间环境。

(中国兵器工业集团第二一〇研究所　刘宏亮)

美军加强试验资源建设的主要举措

集中监管、统筹谋划、分散实施是美军试验鉴定能力建设的一个基本思路。美军在20世纪70年代之前采用的试验鉴定能力建设策略还是由各个军种分散规划、分散建设。20世纪70年代美军提出"重点靶场与试验设施基地"管理框架,根据试验能力和需求对三军靶场进行整合,选定26个靶场作为国防部重点靶场,采取统一管理政策与收费政策,以提高这些重点设施间的协调性与通用性。进入21世纪后,为满足信息化作战背景下的高新武器装备发展需求,并减少不必要的重复建设,解决试验设施投资不足、管理和保障效率不高等问题,美国国会在2003财年的《国防授权法案》中指示国防部(DoD)组建专门的试验资源管理机构,实施对试验资源的集中监管和统筹规划。2017年,美国国防部研制试验鉴定办公室首次在试验鉴定资源战略规划中引入试验鉴定路线图,加强对试验资源的未来规划。

一、成立试验资源管理中心,主管美军试验鉴定能力建设

2004年试验资源管理中心(TRMC)正式成立,作为整个国防试验鉴定

能力建设的"管家",目标是提供健壮的、灵活的试验鉴定能力,确保试验基础设施足以支持武器系统的研制、采办、部署与持续保障。中心的主要使命任务包括四个方面:①对国防试验鉴定基础能力进行统一规划,每两年制定一份反映未来10年国防部试验鉴定资源需求的战略规划;②评审并监督国防部试验鉴定设施和资源预算与支出;③评审各军种的试验鉴定预算是否充足,并确认它们与战略规划的一致性;④制定试验鉴定基础设施政策,管理国防部三大主要试验资源投资计划,即中央试验鉴定投资计划(CTEIP)、试验鉴定/科学技术(T&E/S&T)计划和联合任务环境试验能力(JMETC)计划。

试验资源管理中心的成立,可谓是美军试验鉴定管理体制发展进程中的一件大事,意义有三点:首先,实现了国防部对试验资源集中统一管理,减少试验资源不必要的重复建设和空置率。其次,加强了对试验资源的统筹战略规划,明确了试验鉴定的需求、性能度量指标、设施与资源的需求以及投资的需求,战略规划是国防部获得白宫和国会支持开展试验评价能力建设的主要依据。再次,提升了试验资源管理在国防试验鉴定工作乃至国防采办中的战略地位。

二、通过国防部《试验资源战略规划》统筹谋划国防试验鉴定能力发展

制定《国防部试验资源战略规划》是试验资源管理中心的一项核心任务。试验资源管理中心通过每年评估国防领域试验鉴定资源的状态,每两年制定一份反映未来10年国防部试验鉴定资源需求的战略规划,对国防试验基础能力建设进行统筹考虑和谋划。战略规划描绘了支持当前和未来作战能力所需的试验鉴定能力(包含试验鉴定基础设施、资金运用和劳动力队伍等)的一种整体构想。

战略规划大概过程包括:通过需求分析和现状评估,明确差距,最后提

出解决办法,指导未来三大投资计划和各军种改进与现代化(I&M)计划的制定。具体而言,战略规划从纵向和横向两个维度谋划国防试验评价能力的发展。横向方面,考虑了国内外所有试验评价资源,包括国防部及各军种的试验资源,还有企业、大学、独立试验机构等地方资源,甚至国际资源。另外,试验基础设施软硬件能力、投资运用以及人才队伍都纳入规划范畴。

纵向从远期(战略)和近期(战术)两方面考虑。其中,远期需求产生于国家或国防部高层的政策/指南、持续开展的"研究、发展、试验鉴定"(RDT&E)项目或前沿科技工作。通过对选定的若干关注的试验鉴定领域进行评估,确定了若十个试验重点技术领域(最初是6个,现在是8个,包括定向能试验、网络空间试验、高速系统试验、电子战试验、无人自主系统试验、C^4I& 软件密集系统试验、先进仪器系统技术、频谱效率技术),作为试验鉴定/科学技术计划的投资方向,而试验鉴定/科学技术计划的成果为中央试验鉴定投资计划和各军种改进与现代化计划提供输入。近期需求一般与正在进行的采办项目关联,通过对空战、陆战、海战、电子战、太空战、C^4ISR、军械和弹药、靶标和威胁、试验环境和通用靶场仪器等10大试验能力领域的评估,评价未来财年国防规划中各军种改进与现代化计划的投资活动,并识别已知的缺陷,该评估一般侧重于作战部队的试验鉴定战术需求。

战略规划所起的具体作用和影响有:为国会拨款和立法提供信息;指导试验鉴定基础设施的运行和投资;提供试验鉴定预算依据;决定试验鉴定能力开发的三大投资计划的投资方向。

三、制定试验鉴定路线图加强关键试验能力建设

2017年3月,美国国防部负责研制试验鉴定的助理国防部长帮办签发

了《2016 财年研制试验鉴定年度报告》。据该报告透露，美国国防部试验资源管理中心首次将路线图和试验能力评估纳入国防部试验鉴定资源战略规划中，描绘了对那些适用于整个国防部且影响多个采办项目的关键试验能力领域的增强计划。其中主要包括：网络空间试验鉴定基础设施路线图。该路线图设计了支持采办试验、研究、开发和科技倡议、训练以及作战司令部演习等关键使能能力。①用于试验鉴定公共运行场景的射频频谱。描绘与国防部电磁频谱策略和相关的国防部电磁频谱战略路线图和行动计划相一致的试验鉴定频谱需求。②电子战试验鉴定基础设施改进路线图。③描绘通过硬件在回路设施、装机系统试验设施和野外靶场/试验场之间的均衡投资来满足国防部高优先的电子战试验能力需求的途径。④红外对抗试验鉴定资源投资路线图。⑤聚焦开发能支持飞机生存性设备（包括击败光电/红外制导导弹和来自敌方非制导弹药的火力的红外对抗系统）的试验鉴定的试验能力。⑥靶标评估。⑦描述针对靶标研制、采购和持续保障的计划，高超试验鉴定资源投资路线图。⑧描述为支持正在进行的高超武器采办项目和未来试验需求，对现有地面试验设施、飞行试验场、仪器、建模与仿真工具、试验方法和劳动力队伍需要进行的改进。⑨核生存性评估。⑩描绘针对在生化、放射和核生存性监督组的核生存试验能力路线图中所识别的 7 种试验能力不足的改进计划。

四、加强对研制试验鉴定活动的监管和资源协调支持力度

2012 年 1 月，负责研制试验鉴定的助理国防部长帮办同时兼任国防部研制试验鉴定办公室主任和试验鉴定资源管理中心主任。2006 年以来，美军近半数的采办项目在初始作战试验鉴定过程中，作战效能和作战适用

性不达标，引起国防部的高度重视。经过一年多的调查研究发现，根源是在研制试验鉴定过程中存在不足，导致潜在的问题被带入 IOT&E。为此，自 2008 年年底以来，美国国防部和国会掀起新一轮以改进研制试验鉴定为重点的采办改革，通过修订 5000.2 国防采办文件、发布《2009 年武器系统采办改革法》及一系列备忘录，从重振系统工程和可靠性、改进试验鉴定过程、加强对研制试验鉴定活动的监督、推进综合试验鉴定的实施，强化国防采办队伍等多方面出台了一系列新的政策、措施。为进一步加强对研制试验评价活动的监督和资源调度力度，2012 年国防部合并了这两个机构，现在称作研制试验鉴定/试验鉴定资源管理中心联合办公室。

此次重组的要点是：三大投资计划基本保持不变，仍保留各自的办公室，联合任务环境试验能力计划增加了网络空间试验能力的完善和运行的任务；合并成立了试验鉴定靶场监督部，主要成员包括战略规划协调员，试验鉴定预算协调员，国际试验鉴定设施协调员，陆、海、空、各司局靶场监督员；所有试验鉴定政策制定和人才队伍技能开发并入新办公室的研制试验鉴定团队。联合办公室的主要任务是改进研制试验鉴定规划和实施，建立专业队伍，保持最先进的试验鉴定设施。确保决策者在恰当的时间拥有正确的信息，从而做出更好的采办决策。

（中国航空工业发展研究中心　张宝珍）
（军事科学院军事科学信息研究中心　曹金霞）

美军靶场毁伤效应试验与评估综述

战争的目的是对抗制胜，武器的目的是终点毁伤。对目标实施打击需要解决两大问题：一是精确打击；二是高效毁伤。提高武器装备终点毁伤能力，是武器毁伤体系建设的重要目标。靶场毁伤效应试验与评估全面考核战斗部在预设条件下的实际毁伤能力，是毁伤能力评估的主要依据。靶场毁伤效应试验与评估的主要内容是精度试验和战斗部威力试验。精度试验是考核打得准不准的问题，定位准确、精确打击是武器系统作战效能得以发挥的前提。战斗部威力试验的目的在于考核预设精度下战斗部对特定目标的毁伤能力。

美军靶场毁伤效应试验与评估主要通过三个途径来实施：地面战斗部毁伤效能（杀伤力）试验、终点弹道计算机仿真试验和实弹飞行试验。实弹飞行试验是对仿真及实验室/野外试验的结果加以验证。

一、地面战斗部毁伤效应试验

从试验的真实性来讲，地面战斗部毁伤效应试验可能不如实弹飞行试验,但试验费用低得多,而且可以在预设不同的精度条件下,对战斗部以不同角度击中目标不同部位的毁伤效果进行试验,试验数据量丰富得多,试验期间的数据也容易采集。地面的毁伤试验以战斗部为考核对象,主要有两大类。

(一) 战斗部圆场试验

战斗部圆场试验用于对战斗部特性和毁伤效能进行试验。通过战斗部特性试验所要收集的数据包括破片的尺寸和重量、散布范围、密度、速度及冲击波超压值等。一般而言,战斗部爆炸后其破片是径向辐射的。理论上,破片的速度、大小和分布是均匀的,但实际上有相当大的变化。为了充分表征设计方案的杀伤能力应收集和分析破片(通常只能收集到一部分破片),用于估算质量和速度分布。试验中,战斗部被垂直放在圆形试验场区中心的试验台上,相机、超高速摄影机、冲击波压力计、破片收集装置、证示屏和速度屏等设备按规定的距离(由战斗部的设计决定)设置。在战斗部爆炸时,破片穿透速度屏和证示屏。通过破片穿透证示屏的试验来确定战斗部破裂过程的图形;通过速度屏测量的速度来计算战斗部破片的最大速度。

对于具有冲击波破坏特性的战斗部,在试验中要记录的主要参数有:外表面不规则形状目标或部件的状态;所有目标或部件的原始状态和工作状态;被试目标的精确位置;被试目标相对于试验环境原点的方位;环境压力;最大超压;超压的脉冲形状;超压的脉冲宽度;目标破坏情况的描述,尤其是对于外表面形状不规则的部件破坏的描述;目标被移动的距离和位移特征。通过这些参数的综合分析就可以获得战斗部的静态毁伤效能数据。

2016年,美军为提高武器数据精度(关注到现有MK84特征数据的准确性存在问题),开始采集MK84通用炸弹新的圆场试验数据,并将其结果应用于其他产品。试验中破片速度的初步分析表明与现有特征数据存在较大差异。而这种差异对武器杀伤力、附带损伤估计及风险评估都会产生很大影响。此外，美军还将此数据与振动物理预测工具的输出进行比较，以提高战斗部爆炸模型的逼真度，降低其他战斗部特征描述所需的试验数量，更准确地了解破片云的情况。

近几年，美军正大力优化圆场试验数据采集方法。目前正在基于美国国家航空航天局（NASA）开发的新技术提高圆场试验期间破片速度和空间分布的数据采集方法，即利用无源成像技术来提取单个破片的尺寸、形状、阻力系数和速度矢量等，以快速地描述战斗部圆场试验的破片特征。该技术可以高空间分辨率和瞬时清晰度来感知破片，以提高战斗部的特征描述，这对于下一代武器开发意义重大。此外，该系统和技术将大大节省传统破片定位试验所需的附加工作和材料成本。

（二）动态战斗部滑橇试验

轨道滑橇能产生自由飞行的动态载荷，可用来确定被试品在线加速度、冲击、振动、速度和一些气动影响下的性能，除用于气动研究、结构和材料试验、航空弹道试验、逃逸系统试验、降落伞型回收系统、导弹部件试验、引信研究试验、冲击试验、航空医学试验、雨蚀试验等之外，还有一个重要的用途是用来进行各种炸弹和导弹以实际打击速度对抗各种目标的试验，鉴定其毁伤效果和终点弹道效应。

试验用的精密仪器仪表主要由电子设备和摄像机组成。电子仪器设备可分成四大类：无线电遥测装置、火箭滑橇位置和速度测量系统、计时系统、有线遥控系统。试验中将根据试验的数据要求决定所要选择的专门仪器仪表。

目前，美国拥有 4 个大型的通用性滑橇轨道设施以及 20 多个专用的滑橇轨道设施。大型滑轨设施的轨道长6000米以上，中等滑轨设施的轨道长为3000~6000米，小型的轨道长度不超过3000米。海军武器中心中国湖靶场、阿伯丁试验场、红石技术试验中心、霍洛曼空军基地、爱德华空军基地、埃格林空军基地都有这样的滑轨设施。

2015年，美国陆军在霍洛曼空军基地的高速滑橇试验设施进行了"爱国者先进能力-3"（PAC-3）"导弹分段增强型"（MSE）对抗两个威胁子弹药弹头的高速滑橇试验，试验数据用于分析验证MSE对抗试验靶标的杀伤力模型。霍洛曼空军基地的高速滑轨设施轨道长15480米，滑橇速度通常为2100米/秒，最高可达2700米/秒，可试验45~13600千克的载荷，加速度达到200g。

2015年7月和8月，飞行员逃逸系统项目进行了2次滑橇试验，试验中系统在未超出载荷/应力限制的条件下未能成功地弹射出人体模型。7月，47千克的人体模型头戴Gen3头盔以160节的速度进行滑橇试验，但数据显示系统未能满足颈部损伤标准。试验分析认为失败并不仅仅是由于头盔过重，而是主要归因于2012年所做的Gen2头盔对47千克人体模型试验不够充分。于是8月利用62千克人体模型头戴Gen3头盔以160节速度再次进行了滑橇试验，但系统仍未满足颈部损伤标准。而2012年所做试验并未表明颈部载荷超载。两次试验失败后，项目办公室决定，无论佩戴何种头盔，F-35飞行员体重都应限制在62千克之内，62~75千克的飞行员被认为比体轻的飞行员有一定风险。

二、终点效应计算机仿真试验

不论是通过地面毁伤效应试验还是实弹飞行试验考核战斗部的毁伤性

能，都需要大量的实物靶标甚至真实的目标。计算机仿真目前已成为毁伤效应试验数据的主要来源。通过仿真可以获得各种交战条件下战斗部对其典型目标进行全方位打击的终点毁伤效应数据，并可直接将仿真试验数据输入杀伤力计算模型，完成对战斗部毁伤效应的初步评估。收集大量的目标毁伤评估数据是进行终点效应仿真的基础，这些数据出自于历史数据、实际作战、综合试验及相关的情报。通过这类仿真可评估装备/弹药系统的生存能力，进行弹药毁伤效能评估，进而提供对一个预定目标达到期望的毁伤水平所需的弹药量的预测。美国三军在其试验鉴定计划中都安排了大量计算机仿真试验，其中，杀伤力仿真是一项重要内容。

应用终点效应计算机仿真对战斗部毁伤效应进行试验，关键是根据战斗部类型、重量、材料、速度、毁伤机理建立战斗部模型，根据目标的材料、结构、厚度、功能、生存能力、易损性等建立复杂逼真的目标模型，并对战斗部与目标的相互作用情况和末段交会的各种条件进行分析。涉及到的其他重要问题还有：采用何种毁伤预测方法、历史数据如何使用等。仿真试验的结果可以为建立高效毁伤评估模型提供大量数据，其仿真模型经过地面毁伤效应试验和实弹飞行试验的多次验证和改进之后，甚至可以给出比地面试验和实弹飞行试验更可靠的毁伤评估数据。

近年来，城区作战成为美军关注的重点领域。武器建模与仿真的挑战不仅包括对抗城区建筑效应的主要（爆炸与破片）影响，还包括由受损建筑带来的附带损伤和人员伤亡。预测武器对抗建筑的分析工具最初用于提供重型（高于 227 千克）武器对抗军事建筑的保守估计。而当前趋势是利用小型弹药降低附带损伤，并且更多的城区运用表明过去的模型工具已经不充分了。为此，美国陆军和空军都在积极开展研究以更准确地描述小型弹药对抗城区建筑的损伤效应，陆军研究实验室牵头的国际联合计划正在提高该领域的预测能力，空军研究实验室正开发一系列小型武器效应的快速运行响应模型。

美军近年来还在计算机仿真试验中通过采用脉冲激光照明系统采集动能战斗部高速成像以改进后部装甲碎片（BAD）算法，采用高可信的计算物理模型仿真在不同威胁下联合轻型战术车辆底部不同位置的损伤情况，至少在3种威胁下针对12个爆炸位置来进行车底部的系统级仿真。该模型将实现新的评估能力：描述应对多威胁和多位置的车辆结构反应和乘员损伤风险。

此外，美军还在积极进行锥孔装药效应模型开发、水底和近水底爆炸效应的动态系统先进仿真等。

三、实弹飞行试验

实弹飞行试验是进行战斗部毁伤效应评估的一个重要环节。由于试验成本和试验条件的限制，实弹飞行试验次数在整个试验期间非常有限。通常在一次试验中，除毁伤性能外要对武器系统的多项其他性能同时进行检验，因此，这类飞行试验对飞行路线规划、靶场以及设备配置等都有特定的要求。

如空射巡航导弹的飞行试验，基于巡航导弹制导方式和战术打击的要求，其飞行试验不可能仅在一个陆上基地进行。因而在规划飞行路线时，必须选择有代表性的地形区域，必须尽可能提高导弹命中目标的概率。而且，巡航导弹的远程、低空飞行特性决定了其飞行试验跟踪、遥测数据的采集和处理十分困难，因而在规划飞行试验路线时应尽可能多地经过现有军事基地，以获得一部分飞行测量数据。由于巡航导弹的低空飞行特性，还必须通过测量飞机来完成一部分数据采集任务，并且必须利用各靶场配置设备的组合来完成各种复杂的飞行数据采集与处理。一次实弹飞行试验规划之复杂性、试验（尤其是实弹试验）成本之高是不言而喻的。在实际的常规导弹飞行试验计划中，实弹试验所占的比例很小。

以美国海军 AGM-88E 先进反辐射导弹 BlockⅠ改进型作战试验为例，计划进行 8 次实弹射击试验。但其中 2 次试验失败，导弹弹着点远离预定目标，且并未对实际目标造成影响。对脱靶原因进行的分析揭示了影响武器精度的几个重大问题。虽然这些问题并不影响关键性能参数，但对武器性能和精度造成负面影响。为此作战试验鉴定局要求海军制定更新的实弹射击试验计划，以获取可接受置信度的试验结果。作战试验鉴定局认为至少还需进行 5 次实弹射击试验使发射次数达到 13 次，才能达到对 BlockⅠ改进型所要求的统计置信度。

四、结束语

在武器系统从研制到部署并投入作战使用的整个过程中，其毁伤效应评估是一项持续进行的工作。部署使用前的毁伤效应试验与评估主要用于检验系统设计和装备的定型，并为装备的作战训练计划和战时的火力部署提供决策依据。靶场完成的毁伤效应试验与评估也是美军战前进行"战斗毁伤效果"预测的依据。

美军高度重视靶场毁伤效应试验与评估，近年来加强了基础试验设施设备建设和先进技术开发，在模型逼真度、测量手段方法等方面均取得一定成效，进一步提高了靶场毁伤效应试验与评估能力及效费比。

（军事科学院军事科学信息研究中心　曹金霞）

美国国家网络靶场建设最新进展

一、国家网络靶场发展背景

美国在遭受"9·11"恐怖袭击之后,进一步加强了对"非对称战争"的研究,更加重视网络系统安全,把确保网络系统安全列为国家安全战略的重要组成部分。因此,在小布什政府时期的2008年,美国就提出了"国家网络安全综合计划"(CNCI)。其中,组建国家网络靶场是CNCI的重要内容之一。该项目由美国国会直接指示美国国防高级研究计划局(DARPA)负责组建,这是继20世纪50年代美国实施"人造地球卫星计划"之后,美国国会第二次向DARPA直接下达的重大指示。

美国国家网络靶场承担六个方面的任务:一是在典型的网络环境中对信息保障能力和信息生存工具进行定量、定性评估;二是对美国国防部目前和未来的武器系统,与作战行动中复杂的大规模异构网络和用户进行逼真的模拟;三是在统一基础设施上,同时进行多项独立的实验;四是实现针对因特网/全球信息栅格等大规模网络的逼真测试;五是开发具有创新性的网络测试能力并部署相应的工具和设备；六是通过科学的方法对各种网络进行全方位严格的测试。

从 2008—2018 年，弹指一挥，十年已过。美国国家网络靶场也经过了由 DARPA 完成概念设计、技术攻关、制造交付和试运行，到美国国防部试验资源管理中心负责全面运行、全军部署和全面扩建的阶段，在使用和建设上呈现出新方向、新特点和新情况，以下进行具体阐述。

二、当前建设情况

（一）面向军兵种、战区和盟国，服务于试验鉴定、训练演习和研制评估等各类网络靶场任务不断增加

美军国家网络靶场从全面建设到全面运行的转换速度非常快。在 2011 年 DARPA 还未完全交付给试验资源管理中心时，便已经承担了一项靶场任务。在试验资源管理中心负责运维期间，承接的网络靶场任务数量更是从 2012 年的 6 项激增至 2017 年的 268 项，未来更会逐年增加，预计 2022 年一年就要承担 509 项网络靶场任务。国家网络靶场所承担的任务类型更是从研制试验、作战试验、训练演习到装备研制开发评估等不一而足，充分体现了国家网络靶场要为试验、训练和演习等多样化任务构建逼真网络对抗作战空间的坚定目标。与此同时，美军国家网络靶场不仅为美国各军兵种提供装备发展提供服务，还为其各战区及其盟国提供各种作战任务下的网络攻防对抗训练和演习环境。如美澳新 Talisman Saber 2017 联合军演中，美军国家网络靶场就为其太平洋舰队司令部和澳大利海军司令部提供指挥控制网络攻防对抗环境。

（二）从国家网络靶场到国家网络靶场集群（CNRC），开启 TENA – LVC – NCRC 三位一体的大网络靶场时代

一方面随着美军各军兵种、各战区和盟国军队对国家网络靶场在试验鉴定和训练演习层面的任务需求递增，迫切需要对国家网络靶场仅存在于美国奥兰多的单一实体设施进行扩建。另一方面国家网络靶场也迫切需要与各军兵种专业试验基地及其靶场互联互通互操作，以及为美军整机装备和分系统设备提供实物—半实物—数字化的网络攻防对抗环境，因此基于试验与训练使能体系结构（TENA）和"真实、虚拟、构造的"（LVC）分布式混合试验环境构建技术建设国家网络集群就显得尤为重要。

从上述两方面考虑，美国国防部试验资源管理中心联合美国陆军合同管理办公室于 2017 年 6 月召开"国家网路靶场群工业界见面日"，广邀工业界与高校实验室等多家单位，如亚马逊公司、约翰·霍普金斯大学应用研究实验室、波音公司和洛克希德·马丁公司等，共计 116 家企业单位。会上，试验资源管理中心向在座企业单位宣贯了国家网络靶场群建设的愿景、需求、能力和目标，并且明确国家网络靶场建设要与军兵种联合，由现在位于奥兰多陆军基地的 1 处国家网络靶场，分别在阿伯丁陆军基地、海军查尔斯顿基地、海军帕图森特河基地和空军艾格林基地进行扩建，在 2021 年要达到 5 处国家网络靶场；而试验平台数量则由 2017 年的 8 个增加到 2021 年的 32 个，从而形成国家网络靶场集群。

（三）联合目标用户面向网络安全攻防前沿技术，建设特定威胁场景下的专业级网络攻防靶场

在美国国防部试验资源管理中心领导下，国家网络靶场开展了两项开拓性的网络安全攻防环境建设项目。一是面向国防部工业系统和建筑设施的控制系统，试验其在网络攻防条件下的探测、监控和恢复能力。该项目

联合国防部助理部长能源、设施和环境办公室（OASD），重点针对没有考虑网络安全的设施开发者/管理者，使控制系统可连接、可探索物联网系统，以及没有在真实网络对抗环境下进行试验鉴定的商用网络保护系统。二是面向网络安全试验鉴定，模拟非 IP 网络的航空总线体系结构（MIL Std 1553、ARINC 429 等）项目。该项目联合海军航空司令部（NAVAIR）构建一个面向典型航空总线结构的网络安全复杂环境，瞄准产生物联网环境下的大规模网络攻击表征面，探索航空总线的脆弱性。

（四）助力联合任务环境试验能力建设，在国家网络靶场框架下持续重点建设网络区域服务交付点及其云计算平台

为了支撑美军一以贯之的联合任务环境试验能力建设，美国国防部试验资源管理中心在国家网络靶场建设规划下，重点建设面向全美军方用户的网络区域服务交付点（RSDPs）。RSDPs 的目的就是面向美军兵种和战区用户，提供企业级网络资源，快速响应生成用户所需要的、包含红—蓝—灰三方、高保真和大规模的虚拟网络攻防环境。RSDPs 的建设要求包括：自动化最小配置时间、支持大规模并发秘密攻防事件、有平台和工具支撑、地理分散并最小延时和最大化可用性、具备费效比和适应性。

三、主要建设特点

（一）以使用促建设，需求在哪里，建设就在哪里，边用边建，小步快跑

无论是美军国防研制试验鉴定部长助理办公室，还是作战试验鉴定局，还是直管的国家网络靶场的试验资源管理中心，都非常重视国家网络靶场面向美军兵种、战区和盟国的全面使用情况，甚至从顶层机关层面进行不遗余力的推广。通过国家网络靶场高频次的使用，在使用中发现需求、发现问题、发现痛点,并迅速进行靶场改进和扩建。如美军国防研制试验鉴定部长助理办公室在 2016 财年报告中就提出,国家网络靶场建设要注重盟国并发高频登陆靶场站点接入、航空空间无人系统对网络的影响、全频谱侵入等需求。又如前文所述,美国陆、海、空三军哪个军种基地对网络安全试验训练有需求,就把国家网络靶场基础设施扩建在哪里。

(二)国家网络靶场群建设注重顶层设计,在使命任务、建设需求、关键能力和技术特点方面均有明确发展目标

美军国家网络靶场建设规划在当前的重头戏就是分布式靶场群的建设。对于该项目的建设美军上层机构均有明确的发展目标,具体阐述如下。

网络靶场群的使命任务:通过导向性地试验、训练和任务演习在实战化的网络空间环境下,改善美军作战任务的弹性。

网络靶场群的建设需求:①在虚拟环境下逼真生成敌方混淆的通信流量,并不受限于蓝军通信位置,通过采用更好的人工智能生成典型恶意的网络攻击威胁;②能够实时地校验和更新网络攻击威胁;③快速评估每一轮网络攻击效果;④减少规划、执行和分析时间,以提高网络靶场运行效率;⑤可接入和重用外部成熟的网络虚拟环境;⑥最小化用户和网络靶场之间的延时;⑦非侵入式测量;⑧虚拟化非标准系统;⑨减少接入成本。

网络靶场群的关键能力:①快速模拟复杂、实战化的网络环境;②自动提供网络靶场使用运行效率;③清理或重载已暴露系统为已知纯净状态;④支持多类并发试验在不同密级水平;⑤安全的链接。

网络靶场群的技术特点:①真实性;②可重复;③快速适应性;④隔离性;⑤清理重载性。

(三)靶场人员能力建设与硬件资源建设并重,支撑用户标准化、规范化地按照系统工程过程使用国家网络靶场

美军试验资源管理中心将国家网络靶场中具有多学科技术背景的工作人员作为靶场条件建设不可分割的一部分,十分重视靶场人员服务能力和团队协同能力的提升。每一次靶场硬件条件的提升必然伴随着靶场人员能力的提升。通过靶场人员能力建设与硬件资源建设并重的建设模式,使得国家网络靶场能够为靶场用户在网络试验、训练和演习等各类任务的执行前、执行中和执行后,提供规范化、标准化的系统工程过程服务,从而确保国家网络使用的科学性、有效性和可靠性。

(空军工程大学 周宇)

(军事科学院军事科学信息研究中心 杨俊岭 唐荣)

美军网络安全试验鉴定阶段及内容要求

随着武器系统遭受网络攻击威胁的不断增加,如何降低网络空间威胁确保其作战有效性与适用性,成为武器系统实施网络安全试验鉴定非常迫切和必要的任务。美军将应用于武器装备中的信息技术划分为信息系统与平台信息技术系统两大类,并将针对这些信息技术的网络安全试验鉴定贯穿国防采办系统全寿命周期。在武器系统采办过程中,美军将网络安全试验鉴定划分为"认识网络安全需求、表征网络攻击面、协同脆弱性确认、对抗性网络安全研制试验鉴定、协同脆弱性与侵入评估,以及对抗性评估"等六个阶段,如图1所示。其中,前四个阶段为研制试验鉴定,后两个阶段为作战试验鉴定,每个阶段的工作内容与任务要求十分明确,并与采办过程的试验鉴定活动有机结合。

一、认识网络安全需求阶段

这一阶段的目的是了解采办系统的网络安全需求,并为开展网络安全试验鉴定制定初始试验方法和试验计划。图2显示了这一阶段的工作内容,

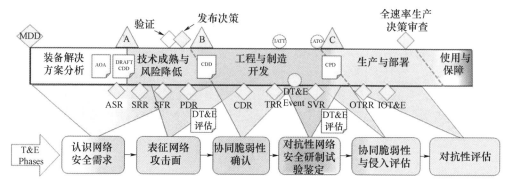

图 1　采办项目全寿命周期网络安全试验鉴定阶段示意图

（MDD—重大里程碑决策；AOA—备选方案分析；ASR—备选系统审查；ATO—操作授权；DRAFT—草案；DT&E—研制试验鉴定；Event—活动；IATT—临时授权试验；CDD—能力发展文件；CDR—关键设计审查；CPD—能力生成文件；SFR—系统功能审查；PDR—初步设计审查；SVR—系统校核审查；TRR—试验准备审查；T&E Phases—试验鉴定阶段；SRR—系统需求审查；OTRR—作战试验准备审查；IOT&E—初始作战试验鉴定）

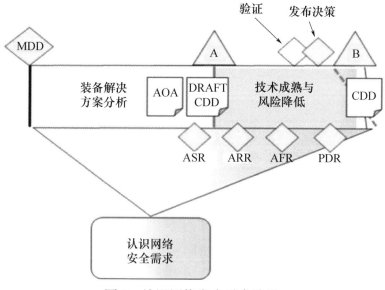

图 2　认识网络安全需求阶段

（MDD—重大里程碑决策；AOA—备选方案分析；DRAFT—草案；ASR—备选系统审查；CDD—能力发展文件；PDR—初步设计审查；SFR—系统功能审查；SRR—系统需求审查）

以及在项目采办全寿命周期所处的位置。在里程碑决策点 A 之前，安全需求和详细技术说明记录在初始能力文件（ICD）、项目保护计划（PPP），以及国防部指示 8510.01《风险管理框架》确定的"安全计划"中。

美军要求尽可能在采办过程早期，由首席研制试验官与试验鉴定一体化产品小组合作，对所有可能获得的项目文件进行检查，从而了解系统的网络安全需求。

（一）认识网络安全需求的进度安排

认识网络安全需求，通常在里程碑决策点 A 之前开始。这一阶段应在项目采办过程早期作为可试验的网络安全需求进行确认，并作为试验鉴定策略的一个重要组成部分，对网络安全试验鉴定和必需的试验资源进行规划。在每个里程碑决策点对《试验鉴定主计划》进行更新后，要对所需试验资源进行重新分析和规划。

无论项目是否进入采办系统全寿命周期，都要了解其网络安全需求。例如，如果一个项目将进入到里程碑 C，但之前并没有开展网络安全试验鉴定过程的任何一个阶段的工作，那么，该项目应该启动认识网络安全需求的工作，并贯穿于整个采办过程。

（二）认识网络安全需求的输入

武器系统作为采办项目，其部分或所有采办管理文件，将作为认识网络安全需求的输入：

（1）采办策略。

（2）能力文件（初始能力文件、能力发展文件（草案）或能力发展文件），根据进入采办全寿命周期过程的情况而定。

（3）项目保护计划，包括重要性分析的内容，其中，网络安全策略将作为项目保护计划的附件。

(4）对来自"系统威胁评估报告""顶层威胁评估"或其他军种/部门文件描述的网络威胁进行确认。

(5）《试验鉴定主计划》（或《试验鉴定主计划》草案）。

(6）风险管理框架的安全计划和安全评估计划，与安全控制评估人员就安全评估计划进行协调。

（三）认识网络安全需求的主要任务

一是确保相关代表参加试验鉴定工作层一体化产品小组。首席研制试验官和试验团队，应确保试验鉴定工作层一体化产品小组包含了所有的利益相关者，以及来自网络靶场从事网络安全工作的代表。

二是编制网络安全需求清单。审查能力文件、项目保护计划和安全计划，以了解武器系统的任务重点和关键组成部分、关键项目信息、关键接口和数据交换情况。基于这些信息，汇编网络安全需求的初始列表。

三是确认网络威胁。确认《系统威胁评估报告》或用于指导制定试验计划文件的网络威胁。基于威胁的试验重点在于模仿对手使用该武器系统的效果，即在经验证的威胁评估文件中描述的威胁。制定试验计划要依靠不断发现的、已验证的网络空间威胁，尽可能早地在基础设施规划中考虑这些威胁并开展相关试验。这些验证过的网络安全威胁，可用于指导在后续阶段中对任务功能影响的评估。

四是在《试验鉴定主计划》中详细描述网络安全活动。主要包括如下内容：

(1）如果可能，在里程碑 B 之前规划网络安全试验事件，并在此后直到武器系统部署都要进一步说明情况和更新内容。

(2）确保确定的网络安全试验鉴定事件，包含在整个试验鉴定计划安排之中。

（3）确保将网络安全试验鉴定事件和网络安全试验目标，包含在常规的试验鉴定事件之中，从而不会因计划安排和资源的限制被忽视。

（4）确认网络安全试验鉴定的资源需求与主要活动。

五是制定初始研制鉴定框架。网络安全鉴定问题应该作为研制鉴定框架的一部分。衡量网络安全问题的指标应与被试系统（SUT）相适应，并与武器系统的特征相一致。武器系统的需求部门、研发部门与作战使用部门，要与试验鉴定工作层一体化产品小组协同工作，对系统的相关问题和指标进行确认。鉴定框架要以对应的研制试验目标为基础。

六是制定初始作战试验鉴定框架。此项活动作为作战试验鉴定框架的一部分，《试验鉴定主计划》应包括网络安全的所有指标，这些指标也是作战试验计划的一部分内容。作战试验鉴定局局长要在《试验鉴定主计划》中充分考虑一体化试验策略，按照单一试验计划要求提供指标信息，并在审查和批准这些文件过程中解决所有问题。网络安全指标应针对被试系统进行相关审查，特别是在快速确认并响应恶意网络空间活动时更是如此。

七是风险管理框架成果（文件）与《试验鉴定主计划》相联系。首席研制试验官应在安全控制评估人员协助下审查风险管理框架成果文件（安全计划和安全评估计划），并将其关键内容应用于制定的《试验鉴定主计划》中。风险管理框架的安全评估文件应包括安全计划，该计划由授权官批准，其内容包括系统分类、裁减安全控制和持续监控策略等。初始风险管理框架的安全计划包括系统分类与初始安全控制的内容，将用于备选系统审查。

八是准备研制试验鉴定分析。首席研制试验官应考虑提供一个初步的研制试验鉴定分析，为早期设计审查（PDR）提供支持。早期设计审查描述了技术成熟度与风险降低（TMRR）采办阶段的网络安全试验活动，以及所有用于网络安全评估的数据。

九是为征询建议书提供输入。对征询建议书进行审查，并提供以下输入内容：

（1）考虑事项包括合同商制定软件滥用情况、网络弹性滥用情况（拒止服务攻击）和其他系统滥用情况，以及对这些情况进行的试验。

（2）要求主合同商演示系统是可信的。

（3）包含网络安全试验的具体合同要求和数据的正确来源。

（四）认识网络安全需求的输出

一是由首席研制试验官准备早期研制试验鉴定分析，为早期设计审查提供支持。

二是试验鉴定项目的结论用在项目里程碑 B 建议征求书中。

三是制定《试验鉴定主计划》草案（在里程碑 B 之前，并作出制定征询建议书发布决定），包括在整个试验鉴定策略中网络安全的结论。该策略要与安全评估计划相协调。为批准里程碑 B，《试验鉴定主计划》草案要根据需要进行更新，内容包括规划的网络安全试验事件及所需要的资源。

二、表征网络攻击面阶段

在这一阶段，重点确认网络攻击者可能利用武器系统的机会，目的是规划试验以鉴定这些机会是否会被持续利用。网络攻击面的表征应与系统安全工程的流程相一致。试验鉴定工作层一体化小组要与系统工程人员和系统研发人员结合，确定系统的接口并对接口各要素进行优先次序排列。其依据是接口要素的重要性和脆弱性分析，需要特别注意的是试验鉴定策略中有关网络安全的内容。攻击面是系统暴露在外可接触到和可被利用的脆弱项。攻击面是指任何硬件、软件、连接部件、数据交换、服务、可移动载体等，这些暴露部分可能成为潜在网络威胁的入口。对于易受网络空间威胁影响的系统要素与接口的试验与鉴定计划，试验鉴定工作层一体化产品小组应确保其包含在里程碑 B 更新的《试验鉴定主计划》中。

（一）表征网络攻击面的进度安排

网络安全试验鉴定第二阶段的理想启动时间，是在采办过程的工程与制造开发（EMD）阶段之前，如图 3 所示的技术成熟与风险降低阶段。无论项目是否进入采办全寿命周期，这一阶段的工作都应完成。

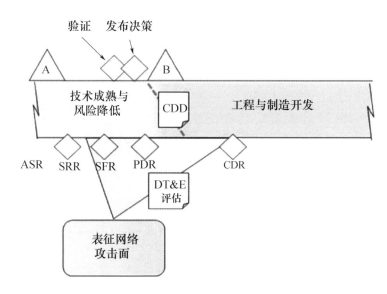

图 3　采办项目全寿命周期表征网络攻击面阶段

（ASR—备选系统审查；CDD—能力发展文件；CDR—关键设计审查；PDR—初期设计审查；SFR—系统功能审查；SRR—系统需求审查；DT&E—研制试验鉴定）

（二）表征网络攻击面的输入

采办项目文件的一部分或全部将作为表征网络攻击面的输入：

(1) 认识网络安全需求确认的所有相关结论或产生的数据。

(2) 武器系统体系结构文件（系统视角-1、系统视角-6），用以协助了解系统边界和接口。

(3) 作战方案，用以协助了解系统运行和与作战方案相关的威胁。

(4) 确认委托的网络安全服务人员或计算机网络防护服务人员，以及用于认识网络连接的主机专属系统。

(5) 项目保护计划，用以确认关键部件与数据。

(6) 风险管理框架的安全计划和安全评估计划，用以了解选择的安全控制。

（三）表征网络攻击面的主要任务

一是确认网络攻击面。检查武器系统体系结构文件，以确认系统的接口、服务和数据交互，这些可能使武器系统暴露，而被潜在网络空间威胁所利用：

(1) 直接与网络连接：一些系统直接与国防部网络连接（这些系统可能与互联网连接），网络对手利用这种连接和结构体系的弱点，寻找这些外围系统、网络设备和互联网连接客户端机器，以进入一个安全的专属系统，并随后在系统内延伸其可到达的范围。

(2) 间接与国防部网络连接：当一个系统连接到一个可信的系统，而这个可信的系统再与国防部网络连接后，就出现了间接连接的情况，网络攻击者能够侵入一个可信的系统，然后利用它作为"跳板"来侵入其他系统。

(3) 临时连接和非常用连接（用于上传新软件的存储设备、维护端口、非在用的重启端口)。

(4) 交付的保障设备,由项目保护计划确定,作为关键技术、部件与可能具有风险的信息。

(5) 目前常见的网络安全脆弱项:如由"国家脆弱项数据库"审查入库的,通常可在 http://nvd.nistgov 网站查阅。

二是审查风险管理框架文件协助确认攻击面。风险管理框架文件,如安全计划和安全评估计划,可用于确认组成武器系统攻击面的附加文件。注意,安全控制评估试验边界与研制试验鉴定系统之系统的范围之间存在着差异。系统之系统的范围可代表多个风险管理框架文件,应对其进行审查。

三是分析攻击面。其目的是确认网络攻击的可能途径。要求首席研制试验官带领网络安全主题专家(如,计算机网络安全服务人员、网络蓝队或网络红队的典型代表、信息系统安全管理人员与工程人员)协助考虑以下内容。①网络攻击途径将对武器系统带来的最高风险。其特征包括:可进入性,所需技术能力可用于不同攻击途径,暴露了不同的系统组成。②系统部件符合所有《安全技术实施指南》应用要求,以及在系统工程文件中的详细技术说明。合同商使用的系统集成实验室,用于分析网络攻击面和合同商试验事件。

四是了解角色和职责。检查武器系统作战方案的目的是了解系统操作人员、系统管理人员以及计算机网络安全服务人员的角色和职责。明确各项活动的负责人,以保证攻击面、联合对抗措施和防护活动在分析时进行了认真考虑。

五是考虑主机环境。确定对为系统提供保护、监控、进入控制、系统更新等的主机环境进行了确认。对主机安全系统的了解有助于保证系统设计，提高计算机网络安全服务人员工作效率。审查需求文件有助于确认需求来源和其他控制需求。

六是规划试验策略。根据确认的攻击面，确认系统最可能存在的脆弱项，并针对这些脆弱项制定试验策略。同时，要将制定的试验策略包含在《试验鉴定主计划》中第三部分的试验鉴定总策略中。

（四）表征网络攻击面的输出

表征网络攻击面将为后续试验规划提供输入，其成果要在这一阶段结束时完成。主要内容包括：

（1）列举武器系统接口和数据连接项，这些有可能将系统暴露给潜在网络空间威胁。

（2）更新可能在系统中存在的常见脆弱项清单，内容包括在风险管理框架过程中确认的部分内容。

（3）对规划的网络安全职责进行确认。

（4）列举由主机专属系统或由计算机网络安全服务人员要求或提出的附加安全指标。

（5）列举网络安全需求来源，并将其添加到具体的需求中。

（6）在里程碑 B 更新的《试验鉴定主计划》第二部分应包括风险管理框架安全评估进度安排。

三、协同脆弱性确认阶段

协同脆弱性确认包括细化试验计划和实施脆弱性试验。这些试验与分析的完成为关键设计审查（CDR）提供支持，同时为关键设计审查提供反馈，作为试验准备审查（TRR）的输入，并为试验准备审查做准备。协同脆弱性确认阶段在武器系统采办全寿命周期过程中，主要是在工程与制造开发阶段实施，如图4所示。

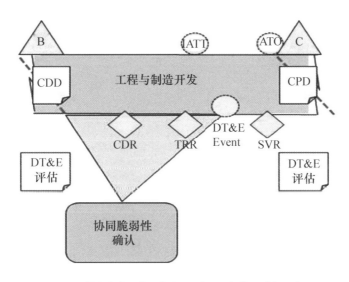

图4　协同脆弱性确认可为试验审查做准备

（ATO—操作授权；IATT—临时授权试验；CDD—能力发展文件；CDR—关键设计审查；CPD—能力生成文件；Event—活动；SVR—系统校核审查；TRR—试验准备审查；DT&E—研制试验鉴定）

（一）协同脆弱性确认的进度安排

这一阶段始于里程碑B之后，将脆弱性试验结果作为关键设计审查的输入，并为试验准备审查做准备。安全控制评估在关键设计审查之后完成，可作为临时授权试验（IATT）的结果。临时授权试验为试验准备审查提供输入，并为关键设计审查后的研制试验鉴定事件提供支持。

（二）协同脆弱性确认的输入

武器系统采办项目文件的一部分或全部，将作为这一阶段的输入：

（1）列举接口系统和数据连接清单，它们可能将武器系统暴露给潜在网络空间威胁（根据前期文件检查情况确定）。

（2）攻击面分析和风险管理框架安全控制评估，包括系统可能存在的脆弱性，以及在整个风险管理框架过程中确认的脆弱性。

（3）更新的安全计划列举了补充的安全措施要求，或由主机专属系统或计算机网络安全服务人员提出的安全措施。

（4）列举网络安全衍生需求，衍生需求可包括在技术需求文件中，通过征询建议书向合同商发布。

（5）若可获得"临时授权试验"计划，可同时为安全评估计划、风险管理框架活动计划和里程碑文件提供支持。

（6）脆弱性试验环境是系统之系统环境，系统之系统应包括在先前分析活动中发现的内容。

（三）协同脆弱性确认的主要任务

一是确定系统之系统试验环境。对有代表性的系统与网络服务可使用的试验机会进行确认，目的是在系统之系统背景下进行网络安全试验。

二是审查风险管理框架文件。为临时授权试验开展安全控制评估形成的成果是安全评估报告，包括风险管理框架活动计划与里程碑文件。

三是对被试系统进行脆弱性评估。在这一阶段实施的脆弱性试验，不同于风险管理框架的安全控制评估。主要差异在于系统的范围，研制试验可能包括各个组成部分（关键数据交换和系统接口）的试验，这些组成部分通常不包含在安全控制评估报告中。关键数据交换和对重要任务有影响的接口系统相关试验，应在研制试验中进行。首席研制试验官要确保脆弱性试验结果的报告，并对分析结论中有关技术和非技术脆弱性进行确认。该报告将用作网络安全杀伤链分析的输入。

四是校核与最后确认可为网络安全试验鉴定做准备的基础设施。这一阶段完成的工作包括：为网络安全研制试验鉴定事件最后确认基础设施计划。网络安全研制试验鉴定事件将在下一阶段实施，考虑的问题包括：系统试验技术的成熟度、类别、闭环试验、数据收集等内容。

（四）协同脆弱性确认的输出

（1）正规协同脆弱性评估（蓝队代表的报告）。

（2）为下一阶段（包括试验准备审查）实施的网络安全研制试验鉴定的规划。

（3）为网络安全研制试验鉴定事件确认试验鉴定基础设施需求。

（4）证实已知系统的脆弱性已经修复，并对遗留脆弱性进行举一反三和跟踪。

四、对抗性网络安全研制试验鉴定阶段

对抗性网络安全研制试验鉴定是指利用逼真的网络空间威胁开发技术，在典型的作战环境与任务背景下，对武器系统进行网络安全评估。利用脆弱性报告、安全评估报告和研制试验鉴定文件，由研制试验小组进行网络安全杀伤链分析，以判断若潜在网络攻击者进入到被试系统它将做什么？以及被试系统将如何应对这样的攻击？所开展的对抗性评估试验，还包括模仿项目验证的能力文件中描述的网络空间威胁。如图5所示为全寿命周期的对抗性网络安全试验鉴定。

（一）对抗性网络安全研制试验鉴定的计划安排与输入

对抗性网络安全研制试验鉴定是在里程碑C决策点之前实施，是武器系统研制试验鉴定评估的一项重要内容，将为武器系统的初始作战试验鉴

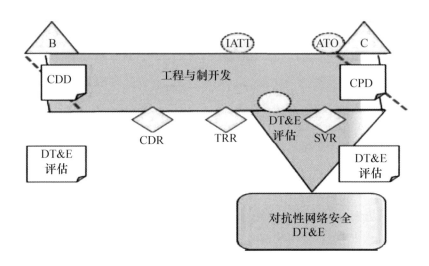

图5 全寿命周期的对抗性网络安全试验鉴定

(ATO—操作授权；IATT—临时授权试验；CDD—能力发展文件；CDR—关键设计审查；CPD—能力生成文件；SVR—系统校核审查；TRR—试验准备审查；DT&E—研制试验鉴定)

定做准备，目的是为生产决策提供支持。下面部分或全部文件将作为在这一阶段工作的输入：

（1）已经完成的试验准备审查报告。

（2）通过实施一个有代表性网络蓝队的活动，对系统脆弱性进行评估的报告。

（3）验证网络安全试验鉴定基础设施需求评估报告。

（4）根据风险管理框架行动计划与里程碑、项目保护计划或其他项目文件，对已知系统脆弱性的修复进行验证，并对遗留脆弱性进行举一反三和跟踪。

（5）研制试验生成的数据。

（6）风险管理框架试验生成的数据。

（二）对抗性网络安全研制试验鉴定的主要任务

对抗性网络安全研制试验鉴定是在逼真网络环境与作战任务背景下，对武器系统的网络安全性能进行试验评估，主要涉及到以下方面的工作：

一是网络安全杀伤链分析。网络安全杀伤链分析是判断如果网络攻击者能够获得进入武器系统的机会，它们将做什么？并确认武器系统的可能响应预案。网络安全杀伤链原理如图6所示。网络安全杀伤链包括具体网络空间威胁对手实施的一系列行动。具体的网络对手在实施网络侵入时有明确的目标，如数据盗窃。尽管杀伤链多种多样，但典型的对抗阶段活动包括：侦察、武器化、投送、利用、控制、实验和维持。每一个系统都不可能完全实施网络对抗阶段安全杀伤链的所有活动。分析被试系统应采取的对抗方式，要与在系统威胁评估报告或类似文件中记录的网络威胁评估结论相一致。作为这一阶段工作的一部分，研制试验小组可以与国防情报局和军种情报机构联系，以制定网络空间威胁概况（vignette）。图6演示了在杀伤链分析过程中可能实施的各类活动、网络空间威胁与网络安全防护者的目标，以及在分析过程中可收集到数据的类型。

网络安全杀伤链分析的依据是脆弱性评估报告的大部分内容，这是在以前阶段完成的工作，主要是对武器系统及其接口的安全评估。脆弱性评估确认了网络入侵的可能途径和最大可能的网络威胁利用。

二是做好网络安全研制试验基础设施准备工作。典型的试验基础设施包括：在研制试验鉴定中使用的网络安全试验靶场设施，可复现计算机网络安全服务人员活动的逼真网络运行环境。同时，还要确保使用独立的基础设施环境，与关键数据交换资源和所需接口相连。可以采用共享试验事件的方式，如试验可测试系统的互操作性与网络安全性，但试验小组应为网络安全试验仔细规划好专属试验与共享试验事件的结合。共享试验事件应重点关注共同使用基础设施的可行性，这样可以节省建立网络靶场环境的时间，并为多项试验事件节省大量经费。

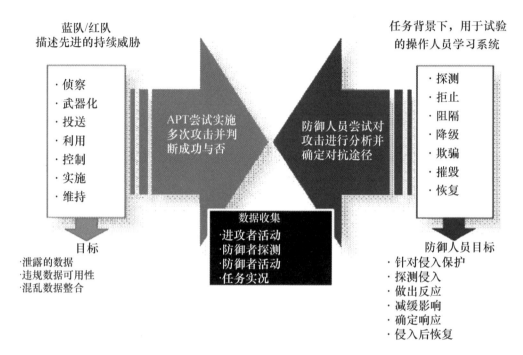

图 6　网络安全杀伤链

三是规划对抗性研制试验鉴定。对抗性研制试验鉴定小组（通常是网络红队）要满足首席研制试验官制定详细试验计划的要求。试验小组要遵守协约规则，并根据自身经验和项目提供的信息描述网络安全威胁的情况。通过这些分析，试验小组将确认资产价值、系统流程、脆弱性、网络攻击的计划与方法、计划类型与标识物。

四是对抗性研制试验鉴定评估。网络安全研制试验鉴定包括对抗试验鉴定小组评估，以确认遗留的脆弱性，并拟制一份"对抗性试验鉴定评估报告"。试验事件包括在系统之系统的各个部位（武器系统、存放地、数据连接处）发动攻击，以暴露其脆弱性。根据网络空间威胁文件描述的情况，对抗试验鉴定小组将使用网络威胁对抗的典型方法，使其他脆弱性得以充分暴露。试验小组将上报所有遗留的脆弱性，包括但不局限于常见脆弱性列表中的项目。

五是准备研制试验鉴定评估。综合性研制试验鉴定评估是将准备网络安全鉴定作为里程碑 C 决策的输入。对于重要国防采办项目（MDAP）、重要自动化信息系统（MAIS），以及负责采办、技术与后勤的国防部副部长特别关注清单中的项目，负责研制试验鉴定的助理国防部长帮办将把网络安全分析融入到研制试验鉴定评估中，目的是为里程碑 C 决策提供支持。对于不属于监管范围的项目，部分评估过程将包含网络安全分析的内容。

（三）对抗性网络安全研制试验鉴定的输出

一是实施对抗性网络安全研制试验鉴定事件，并提交对抗性网络安全研制试验鉴定评估报告。

二是网络安全鉴定结果，包含在为里程碑 C 决策提供支持的研制试验鉴定评估结果中。

三是关键作战任务影响评估报告。

四是为里程碑 C 更新的《试验鉴定主计划》。

五、协同脆弱性与侵入评估阶段

网络安全作战试验鉴定将在里程碑 C 前后完成协同脆弱性与侵入评估，如图 7 所示。这一阶段的目的是在完全作战背景下，提供武器系统网络安全态势的综合特征,并在需要时为对抗性试验中代替侦察活动提供支持。这一阶段工作由脆弱性评估与侵入试验小组实施,内容包括文件审查、实物探查、人员面谈、使用自动扫描设施、口令试验与开发适用的工具等。评估应在预期作战环境中由有代表性的操作人员实施。在该试验中收集相关数据,包括所选定网络安全遵循的测量评估标准、发现的网络安全脆弱性、在侵入试验中干扰及扩大特权所使用的技术,以及口令增强的测量标准。评估应考虑网络安全脆弱性的作战内涵,即脆弱性对保护系统数据的能力,探测非授权活动对系统损害做出响应、恢复系统能力等产生的影响。

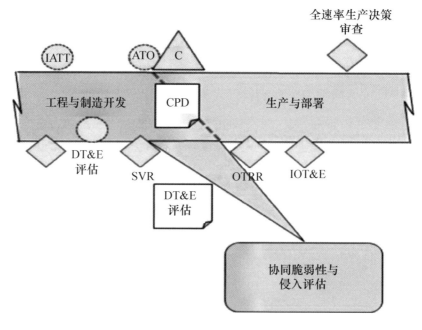

图7 协同脆弱性与侵入评估

(ATO—操作授权;IATT—临时授权试验;CPD—能力生成文件;SVR—系统校核审查;OTRR—作战试验准备审查;IOT&E—初始作战试验鉴定;DT&E—研制试验鉴定)

（一）协同脆弱性与侵入评估的进度安排

这一阶段开展的网络安全作战试验在被试系统得到"批准实施指令"，或一个典型的作战网络获得"临时授权试验"后开始实施。这一阶段最好是在里程碑C之前进行，但也有可能是在里程碑C之后实施，主要依据以下考虑因素：①系统研发与设计成熟度；②软件/系统成熟度（此前确认缺陷的状态）；③作战试验鉴定局局长或相应的作战试验鉴定指导者；④可利用数据对里程碑C决策提供支持。

（二）协同脆弱性与侵入评估的输入

下面所列项目文件或活动将作为这一阶段评估工作的输入：

（1）在进行网络安全作战试验之前，要得到"批准实施指令"或"临时授权试验"文件，这些指令或文件的内容涵盖了试验要求的所有系统与环境，以对持续作战鉴定提供支持。

（2）先前确认的重要网络安全缺陷已经解决或采取了减缓措施，并记录在试验计划中。

（3）所有遗留的网络安全研制试验鉴定工作已完成，并由负责研制试验鉴定的助理国防部长帮办或部门更新研制试验鉴定评估结果，从而为网络安全作战试验准备审查提供支持。

（4）完成网络安全作战试验准备审查。

（5）相应授权机构批准"作战试验鉴定局局长监管项目"的作战试验计划，其内容包括了网络安全作战试验事件。

（三）协同脆弱性与侵入评估的主要任务

一是规划网络安全作战试验鉴定。由作战试验机构负责规划、实施和报告协同脆弱性与侵入评估结果。作战试验机构负责制定问题、指标与数据需求的分析框架，包括仪器、记录观测与活动、测量的数据收集规范，以及试验设计框架如试验时长、想定与方案,并提供含有所收集数据与鉴定结果的正式报告。详细内容由作战试验机构与试验鉴定工作层一体化产品小组协调,并记载在作战试验计划和报告中。

二是与网络安全脆弱性评估小组协调。项目办公室通过与作战试验机构协调,为鉴定的规划与实施提供支持,目的是确认网络安全试验所必需的资源。为试验事件确认和安排一个网络安全脆弱性评估小组,该小组是具有相应资格并经认证的网络蓝队,这是在试验规划开始早期最重要的一项任务。协调工作应包括制定计划安排,所希望具有的网络安全防护能力:能够完成网络安全作战试验计划附件的预期产品、数据收集与上报,以及各项活动与所发现问题的正式报告。如果规划的网络安全鉴定为一体化试验事件,那么,项目主任要督促所有参与试验的组织和机构进行协调,以清楚确认满足所有机构的数据需求。

(四)协同脆弱性与侵入评估的输出

协同脆弱性与侵入评估阶段的输出,包括以下三个方面的内容。

一是作战试验机构记录的所发现的网络安全脆弱性,并将记录的内容提交给项目办公室、作战试验鉴定批准部门,根据需要提交给作战试验鉴定局局长。

二是在进入下一阶段——对抗性评估之前,项目办公室为遗留的所有重要网络安全脆弱性制定的活动计划与里程碑文件。

三是项目办公室已经记录的不可纠正网络安全脆弱性的作战内涵。

六、对抗性评估阶段

对抗性评估阶段将评估一个作战单元装配了该武器系统后支持相应作

战任务的能力，以及该系统所承受的经验证的典型网络空间威胁活动，如图8所示。除评估对所执行任务的影响外，作战试验机构还将鉴定对武器系统保护、探测网络空间威胁活动和对网络安全威胁做出响应的能力，以及由于网络安全威胁使任务能力被降级或丧失后的恢复能力。

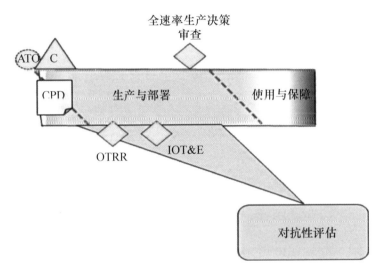

图8　采办项目全寿命周期对抗性评估

（ATO—操作授权；CPD—能力生成文件；

OTRR—作战试验准备审查；IOT&E—初始作战试验鉴定）

在这一阶段，由作战试验机构聘任一个经验证的对抗试验小组（网络红队）扮演网络入侵者。对抗性试验小组试图利用武器系统的脆弱性对任务带来影响，从而对鉴定作战任务面临的风险提供支持。对抗性评估将包括有代表性的操作人员与用户、本地和非本地网络安全服务人员，包括上一级计算机网络安全服务人员，作战网络结构（配置）与具有预期网络流量的典型任务。当受作战限制与出于安全考虑时，试验可以使用模拟器、封闭环境、其他经验证并由作战试验鉴定局局长批准的典型作战工具，来模拟网络空间威胁活动和演示对任务的影响。当对抗小组没有充分的机会进行独立侦察，或为确保在这一阶段评估所有关键脆弱性时，侵入小组可使用由脆弱性与侵入评估阶段采集的数据，制定和实施这一阶段的评估计划。最小（核心）数据收集量，包括度量系统保护、探测、响应与恢复能力的特征，以及由网络空间威胁活动对任务产生的影响。

（一）对抗性评估的计划安排

（1）在项目采办的全速率生产或全面部署决策之前，对武器系统进行网络安全对抗性评估。

（2）根据详细的系统设计和网络空间威胁情况，决定网络安全对抗性评估的持续时间。

（二）对抗性评估的输入

（1）用于被试系统的批准实施指令（ATO）或临时授权试验。

（2）先前试验证实的能够确保系统正常运行的预期作战环境，包括所有接口、系统及对持续作战鉴定提供支持所需的网络运行环境。

（3）先前试验中确认的所有重要的网络安全脆弱性，经校验的纠正措施修复，记录的用户可接受的减缓规范，或由军种采办代表记录的可接受的风险。

（4）相应机构（包括作战试验鉴定局局长监管的项目）批准的作战试验计划。

（5）试验事件涉及的所有靶场、模拟器完成的校核、验证与确认。

（6）对系统操作人员、系统管理人员和网络管理人员进行培训。

（三）对抗性评估的主要任务

一是规划试验鉴定活动。作战试验机构在实施和报告对抗性评估过程中发挥着主导作用，具体负责制定问题、指标、数据需求的分析框架，包括仪器、记录观测所有活动、测量的数据收集规范，试验设计框架包括试验持续时间、想定与方案，提供所收集数据与鉴定结论的正式报告。详细情况由作战试验机构与试验鉴定工作层一体化产品小组协调，并记录在作战试验计划和报告之中。

二是与作战试验机构进行协调。项目办公室与作战试验机构协调确认所需资源，为网络安全鉴定的规划与实施提供支持。协调工作应包括制定日程安排，希望具有的网络对抗能力：作为作战试验计划附件的预期成果、数据收集与报告、所开展活动与发现问题的正式报告等。如果规划的网络安全鉴定为一体化试验事件，那么项目主任要协调所有的参与试验组织与机构，以确认满足所有机构的数据需求。

（四）对抗性评估的输出

一是作战试验机构已验证的数据库，为鉴定需求提供支持，这些需求来自对抗性试验小组收集的数据与所有要求的报告。

二是作战试验机构和作战试验鉴定局局长为监管的项目提供评估报告，内容涉及"网络作战弹性鉴定"报告中发现的有关作战效能、适用性与生存性等问题。

（军事科学院系统工程研究院　刘映国）

美军基于建模仿真的试验鉴定评估发展现状与启示

随着武器装备信息化、网络化、体系化程度日益提升，装备成本不断增加，战场环境日趋复杂，装备试验鉴定评估模式与方法亟待改变。基于建模仿真的装备试验鉴定评估，采用实装和仿真试验相结合模式，有效利用装备系统实体、复杂战场环境、作战应用行为等仿真模型，构造接近实战的虚拟战场环境，可产生多视角、多维度的试验信息，支撑装备系统的试验鉴定评估全过程，提高装备试验鉴定评估的可信度，降低费用和风险。

美军大力推进基于建模仿真的装备试验鉴定评估理论方法研究、试验环境建设、应用实施规范等工作，形成了多种新的试验鉴定评估模式，全面支持了空军第四代攻击机 F–35、陆军 FCS、海军 DDG1000、B61 核弹等新式武器系统的试验评估。近年来，美军进一步强化了建模与仿真在试验鉴定评估中的应用。美国国防部研制试验办公室在 2016 年年度报告中，要求提升建模与仿真能力，以支撑网络对抗效应研究、无人自主系统作战评估与高超声速飞行器试验环境建设；美国国防部作战试验鉴定局在 2017 年年度报告中，更是将建模与仿真定位为试验鉴定评估领域未来的焦点，两次发布指南推进模型校核、检验与确认工作。建模仿真技术的运用促使美军的武器装备试验鉴定评估发生了重大变革,对我军相关工作有很大的借鉴意义。

一、现状和发展

(一)理论方法研究

随着新型武器装备的快速发展和装备试验工作的不断深入,基于建模仿真的试验鉴定评估工作迫切需要新的理论方法指导,解决新形势下基于建模仿真的试验鉴定评估面临的科学与理论问题。为此,美军尝试将"真实、虚拟、构造的"(LVC)仿真理论、人工智能理论、平行系统理论等新的理论方法运用于基于建模仿真的试验鉴定评估中,探索新的试验鉴定评估方法,构建理论方法体系框架。

在 LVC 仿真理论的指导下,2005 年美国空军空中作战司令部运用分布式交互仿真技术,构建虚拟和真实相结合的作战力量和战场空间,首次成功组织实施了"联合红旗"军演(JRF05);2016 年罗克韦尔·柯林斯公司成功演示了 LVC 仿真演习,支持不同地点(陆、海、空)的作战人员同时进行试验和训练。运用人工智能理论,2016 年辛辛那提大学以模拟空中作战任务为研究目的,设计并开发了支持无人作战飞行器(UCAVs)使用的人工智能(AI)——ALPHA,可用于无人自主系统的试验鉴定评估。借鉴平行系统理论思想,美国国防高级研究计划局(DARPA)于 2007 年提出"深绿"(Deep Green)计划,利用信息技术建立一个战场指挥决策支持系统,与真实指控系统平行互动,可辅助开展装备系统的试验鉴定评估。

(二)试验环境建设

未来联合作战的内容,已经向信息化作战转化,全纵深、非线性、非对称作战的特点更加突出,因此对体系对抗仿真技术需求愈加强烈。美军在建设面向装备的半实物试验环境基础上,加强了体系对抗仿真技术研究及应用,联网整合不同地点、不同领域的 LVC 资源和试验设施,组成分布式的一体化综合试验环境、构建虚拟联合战场,对各类武器系统进行研制试验、鉴定评估与作战训练。

2005 年 12 月,美国国防部出台联合任务环境试验能力计划(JMETC),旨在跨越陆、海、空三军的界限,在联合对抗的作战环境中,检验军兵种装备的互操作性以及体系配套性,评估联合作战技术与作战概念,验证装备的联合作战使用规程。经过十余年的探索与发展,JMETC 计划在美国全军范围内基本建成了分布式联合任务环境试验基础设施,2015 年底完成了 66 个用户在分布式环境中的互操作性试验、网络试验、训练以及相关实验活动;在 2016 年底建设了能够满足当前和未来互操作性和网络空间试验需求的基础设施,实现了遍布全美陆、海、空军靶场的 77 个试验站点的连接;未来,拟建立连接全部试验靶场的永久性分布式试验鉴定基础设施,在全军推广分布式试验鉴定能力。

(三)应用实施规范

为加快军事转型步伐,美军在大力发展信息化武器装备的同时,对试验鉴定评估体制进行了相应调整。通过颁布针对建模与仿真应用的试验鉴定法规制度、健全基于建模仿真的试验鉴定评估管理条例、建立基于建模仿真的新型试验鉴定评估模式、构建规范统一的试验鉴定评估仿真模型库,从法规条例、应用规范、实施模式等方面,具体落实了基于建模仿真的试验鉴定评估实施要求。

美军明确建模仿真为重要试验资源,要求在武器装备全寿命周期内尽可能使用数字化、虚拟化仿真资源开展各阶段试验鉴定任务。2015 年 1 月 7

日，国防部发布最新的 5000.02 指示，要求在采办初期就建模与仿真技术的综合利用制定计划，在采办过程中广泛采用建模与仿真方法。2016 年 3 月 14 日，作战试验鉴定局发布《作战试验与实弹射击评估所用建模与仿真的验证指导》备忘录，要求所有建模与仿真在实际用于作战试验之前都要与真实数据严格比对以验证模型有效性与准确性。与此同时，美军将基于建模仿真的虚拟装备试验鉴定作为常态化流程，与实装试验鉴定同步展开，确立"建模仿真—执行试验—结果对比"的新型试验鉴定评估模式，并持续建设仿真资源库（MSRR），注重装备试验鉴定中装备仿真模型的统一使用。

二、主要特点

美军通过基于建模与仿真的试验鉴定评估，显著提高了装备试验鉴定评估的有效性、经济性、可信性、安全性和时效性。其主要特点如下。

（一）运用新理论方法，探索方法体系变革，形成一体化试验鉴定评估理论方法体系

美军很早就开展了试验鉴定评估理论与方法的研究工作，已形成一套比较完整的理论体系。应对新型武器装备发展需求，美军以系统工程理论和方法为指导，积极推动虚实结合的试验鉴定评估理论方法发展，构建一体化试验鉴定评估理论方法体系，实现武器装备的全面综合评价。

（二）整合仿真试验资源和真实靶场环境，构建面向装备层—系统层—体系层的分布式试验鉴定评估环境

美军跨越地理界限，打通各军兵种靶场、试验场、基地的网络，高效连接各种地理上分散的试验设施和 LVC 试验资源，构建面向体系、虚实结合的分布式联合试验环境，使国防部用户能够在逼真的试验训练环境中研发并试验武器装备的联合作战能力。

（三）强化顶层管理，健全条例法规，明确基于建模仿真的试验鉴定评估规程与实施要求

美军确立了"法律—法规—规章"三个层次相互衔接的法规体系，构建了国会立法、国防部统一领导、三军分散实施的集中指导型管理体制，将基于建模仿真的装备试验鉴定评估写入试验鉴定评估的相关规定和指南中，明确了建模与仿真的使用规范与实施途径。

（四）应用前沿仿真技术方法，积极探索采用基于建模仿真的试验鉴定评估新手段和新方法

美军投入大量经费预算开展复杂战场环境仿真技术方法研究，积极运用虚拟试验场技术、分布式交互仿真技术等先进仿真技术改进试验方法、探索试验鉴定评估新手段，为评估武器联合作战能力、适用性、生存性、互操作性、网络安全性等新需求提供全面信息。

三、几点启示

（一）建立基于建模仿真的试验鉴定评估理论方法体系

为满足新型武器装备和联合作战条件下的试验鉴定评估需要，美军从基础理论、技术理论和应用理论多个维度建立了理论方法体系，应用虚实结合、平行系统、在线/事后评估、深度学习等基于建模仿真的试验鉴定评估新手段，成功解决了试验鉴定评估中使用条件、实施流程、数据处理、结果评估等环节存在的问题。

（二）构建面向新型联合作战的分布式综合试验环境

为应对武器装备在未来大规模联合作战条件下的试验鉴定评估需要，美军打通了各军兵种靶场、试验场、基地之间的基础网络，广泛接入、集成各领域试验资源，构建面向体系、虚实结合的分布式综合试验环境，充分发挥各专业试验系统与靶场的技术与资源优势，支撑开展了大规模的联合作战装备试验与训练演习。

（三）推动认知仿真等先进智能仿真技术的实际应用

随着人工智能技术的发展，美军等已开始将认知仿真等智能化仿真技术应用到试验鉴定评估领域。在开展体系对抗条件下武器装备试验鉴定评估和智能化武器装备的试验鉴定评估时，重点解决复杂体系对抗建模、网络安全对抗模拟、智能无人集群对抗模拟等方面的仿真难题，实现了体系对抗对象和智能化装备/系统认知决策过程与结果的有效模拟。

（四）注重加强海量试验数据的深度挖掘和综合分析

大数据等新兴技术为海量数据的深度挖掘与综合利用提供了有效手段。基于建模仿真的试验鉴定评估产生的海量仿真、实装等多维试验数据，在类型、格式、粒度上千差万别。美军采用大数据技术，对海量试验数据进行深度挖掘和综合分析，从多视角展现了武器装备在不同试验环境、试验条件下的战技效能，大幅提高装备试验鉴定评估的可信度和有效性。

（中国电子科技集团　吴浩　高晗）

武器装备试验与鉴定的未来——分布式试验

截至2017年底,美国国防部试验资源管理中心已经利用其联合任务环境试验能力(JMETC)基础设施支持了超过250个分布式试验与训练活动。其中包括分别在2017年2月和4月为美国空军执行的空军系统互操作性试验提供支撑;分别在2016年1月、3月、7月、10月为美国国防信息系统局联合互操作性试验司令部开展联合互操作性试验提供支撑;分别于2016年3月、8月、11月和2017年4月为美国海军实施互操作性开发与认证试验提供支撑等。

一、信息化战争和信息化武器装备发展给武器装备试验与鉴定带来的挑战

随着信息时代的到来,军工试验鉴定面临多方面的挑战。首先是信息化战争的挑战。信息化条件下的高技术战争是体系与体系的对抗,多兵种联合是体系作战的表现。如图1所示,在过去以平台为中心的作战中,一般都以单一武器平台为核心,各平台主要依靠自身的传感器探测系统和武器

重要专题分析

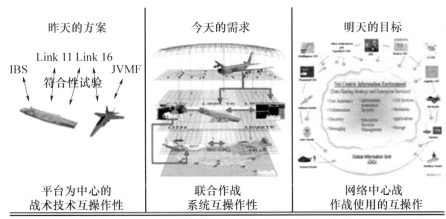

图 1 军工试验鉴定面临的挑战

系统进行作战。平台与外界的联系主要通过有限的几条数据链如Link11、Link16等进行通信，平台之间的信息共享非常有限。这一时期开展的试验主要是符合性试验，即主要对武器平台的战技指标、作战效能和适用性进行试验鉴定。而现在和未来发展的武器平台是在联合作战和"网络中心战"背景下的大体系（SoS）中功能突出的平台，其发展要依赖于整个武器装备体系的发展，并最大限度地发挥自身的优势。在网络化环境下，一个系统的优势未必是网络中所有系统的优势，但一个系统的弱势可能成为整个相关系统的薄弱环节。因此，受试系统将越来越多地依赖于与网络中的其他系统之间的复杂关系，强调作战体系的整体功能，强调信息在体系中的作用，要求增加网络信息共享能力，实现网络路径的多样化以提供安全可靠的网络能力。这时试验主要检验的是复杂的联合任务环境下系统的互操作性和作战使用的互操作性。在这种情况下，对信息技术密集的复杂多任务系统的评估与试验的难度逐渐增加，许多跨平台交互和互相关性要求使得传统武器试验鉴定方式与战场需求的矛盾日益突出。这对于主要是验证点方案的性能和效能的传统试验鉴定方法和能力来说意味着巨大的挑战，需要新的试验鉴定方法和能力来反映工作在网络化环境下的系统的真实性。

其次，信息化作战环境（如网络空间环境、复杂电磁环境等）给军工试验鉴定特别是信息化武器装备的试验、测试与评价带来了新的巨大挑战。复杂电磁环境是在一定的战场空间内，由空域、时域、频域和能量上分布密集、数量繁多、样式复杂、动态交迭的电磁信号构成的电磁环境。它严重妨碍信息系统和电子设备正常工作，显著影响武器装备的作战使用和效能发挥。武器装备的电子化，对武器装备电磁兼容性和电磁防护能力提出了更高的要求，如精确制导武器系统的抗干扰能力需要在复杂电磁干扰环境下加以检验。再如，美国国防高级研究计划局（DARPA）在2014财年预算申请中安排第六代战斗机研究工作，并将先进网络化技术、主被动防御、电子攻击、网络技术、可靠导航、区域拒止、先进传感器等列入核心能力范畴。因此，急需研究针对复杂电磁环境的武器装备适应性试验测试技术、电子战系统试验测试技术、网络空间试验测试技术，建设包括相应的试验设施、试验方法和程序、试验人才队伍等要素在内的试验验证能力。在武器装备研制中，营造逼真的复杂电磁模拟环境，在这种环境下开展武器装备的试验验证，以保证研制出能够适应这种战场复杂电磁环境的武器装备。

军工试验鉴定面临的第三大挑战就是：高新武器装备的发展需求。军工产品和武器装备也变得空前的复杂、以网络为中心和信息密集化，具有高度隐身、高机动、超高声速、高空长航时无人等特征的信息化高技术装备和系统不断涌现，定向能武器、超空泡高速鱼雷、高速动能弹、电磁轨道炮等各种新概念武器也是日新月异。

为应对军工试验鉴定领域面临的上述挑战,需要构建满足复杂网电环境下的分布式试验鉴定能力,以便在逼真的联合任务环境中"像作战那样进行试验和训练"。

二、应对挑战的对策——构建分布式试验能力

分布式试验是将分散在各地的试验设施设备和仿真资源通过网络连接起来,建立整个国防系统内的"真实、虚拟、构造的"(LVC)网络化试验鉴定能力,使武器系统/体系在研制和部署中,能够按照军队实际作战的方式开展试验和训练。

为了使开发出来的分布式试验能力能够真正服务于装备的系统论证、方案设计、关键技术验证、系统集成试验、系统训练等全寿命周期,它必须能够根据不同的阶段重组其能力组元,这些组元根据其真实程度可以是构造仿真(C)、虚拟仿真(V)或真实仿真(L)三种类型中的任何一种或多种类型的组合。

(1)真实仿真(Live Simulation):指真实的人使用实际装备在实际战场的假想行动,表现为传统的实兵演习、首长机关作业演习以及靶场的武器装备作战试验等。

(2)虚拟仿真(Virtual Simulation):指系统和军队在合成战场上模拟作战,往往表现为真人操纵模拟系统。

(3)构造仿真(Constructive Simulation):是一种战争演练和分析工具。通常由模拟的人操纵模拟的系统。

上述三种类型仿真经常组合使用,称作 LVC 仿真。LVC 仿真的使用构成了分布式试验的核心能力。

分布式试验能支持采办寿命周期所有阶段的工作，特别是研制试验和作战试验，并明显促进快速采办。分布式试验的适用场合如下：

（1）当具有一个联合互操作性要求或一个网络就绪关键性能参数（KPP）时。

（2）对现场缺少足够数量的系统进行实况试验时。

（3）当需要比现场可用的更多的系统强度或保真度时。

（4）当需要一种代表性的使用环境时。

（5）在实况试验之前，想要检查基本的一对一的互操作性时。

（6）需要综合研发、研制试验和（或）作战试验活动时。

（7）当数据收集和分析的时限紧张时。

（8）在正式的研制试验或作战试验前，想要对已经做过改进的系统与现有的体系（SoS）基线进行测试看是否更好等。

分布式试验方法能够提高研制试验鉴定过程的效率，包括显著节省成本和时间，降低风险，提供新的系统能力。分布式试验实现的好处主要包括：综合试验鉴定；近实时的试验—改进—试验能力；试验鉴定工作只需"移动数据而非人员"的能力；构成一种虚拟的、协同的工作场所。分布式试验对于在采办周期早期建立更廉、更快和更严格的试验环境是十分必要的。

总之，分布式试验能力可以应用于武器系统从需求生成到产品研制、使用与保障等寿命周期的各个阶段。它是一种效率更高、更经济有效地开展复杂武器系统试验与训练的方式。利用分布式试验与训练技术，无需将所有接口的单元都运到试验场或训练靶场，只需把这些单元纳入试验与训练网络就可以"即插即试"，从而有助于优化试验和训练资源，减少重复建设，降低成本，提高效率并能实现"像作战那样进行试验和训练"。

三、美国构建分布式试验能力的思路和做法分析

（一）发布联合环境下的试验路线图，整体规划分布式试验与训练能力建设

21 世纪初期，美国国防部内部不能互操作的、价格昂贵的专用试验基础设施的繁殖现象仍广泛存在。各试验机构中包含大量孤立的试验资源，设施之间缺少协作和交换数据的一种标准能力，导致相似项目间的大量重复工作；每个试验活动都必须集成专用软件，增加了试验准备时间和开支；使用的数据定义经常是专用的、不可互操作的，使联合系统和系统能力的集成越发复杂；将这些设施联网开展每种试验所需的网络保密协议的建立要花很长的周期（这些协议大部分一般只对一种试验活动有效）；缺少通用的工具和基础设施还影响到试验的规划、协作和实施。每个项目都要在建立和重建每种试验的 LVC 试验环境方面单独花费时间和资金。

针对上述情况，美国国防部于 2004 年 3 月出台了《2006—2011 军力转型中的联合试验战略规划指南》，该指南指出，开发和部署联合部队能力要求在一种联合作战背景下，开展充分的、逼真的试验鉴定。根据该指南的要求，美国国防部于 2004 年 11 月发布了《联合环境下的试验路线图》，如图 2 所示，明确了确保各军种在联合任务环境（JME）中开展试验鉴定所面临的政策、程序和试验基础设施挑战及对策。其中一条措施是"建立一种联合分布式试验的通用能力"，使试验鉴定机构能够实现"试验如作战"，即按照军队实际作战的方式开展试验。

根据《联合环境下的试验路线图》的措施建议，美国国防部从政策、基础设施和方法上三管齐下。首先，通过国防部顶层采办文件加以明确，

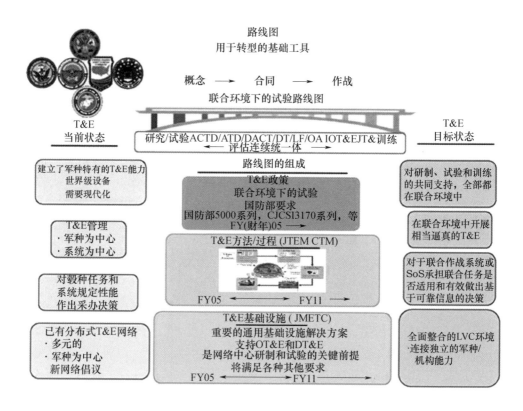

图2 美国国防部在联合环境下的试验路线图

国防部5000.02指示规定,必须将联合环境作为国防部采办项目真实试验中的组成部分。同时,在国防部新的联合能力集成和开发系统(JCIDS)(美军的需求论证体系)中提出在所有采办决策点之前评价联合能力的要求,包括评价大系统性能、联合任务性能和联合任务效能,并将联合军事能力要求作为采办项目研制和生产的基础。

其次,2006年2月15日,美国国防部批准了"联合试验鉴定方法(JTEM)联合试验鉴定(JT&E)倡议"。该倡议旨在开发、测试并评价一种能力试验方法(CTM),用于定义并使用LVC联合试验环境来评价复杂装备/装备体系(SoS)的性能及联合任务效能。JTEM JT&E倡议指定作战试验鉴定局局长作为这项工作的领导机构和执行机构,并确定了美国陆军、海军、空军、海军陆战队以及联合司令部作为参与军种或司令部。

再次,美国国防部在 2005 年 12 月,批准了专用于建设分布式试验与训练基础设施的联合任务环境试验能力(JMETC)计划项目,并指示于 2007 财年开始为该计划投资,由国防部试验资源管理中心主任负责具体落实。JMETC 项目办公室于 2006 年 10 月成立,标志着 JMETC 计划正式启动实施。

(二) 通过三大试验投资计划,协同推进分布式试验与训练基础设施建设

美军历来高度重视试验资源的规划与建设,在国防部层面设立试验资源管理中心,负责对全军试验资源的统筹与协调。该中心的职责之一是负责制定和管理中央试验鉴定投资计划(CTEIP)、试验鉴定/科学技术(T&E/S&T)计划和联合任务环境试验能力计划(JMETC)。这些计划相辅相成,共同推进分布式试验与训练基础设施能力的实现,如图 3 所示。

T&E/S&T	CTEIP	JMETC
·2002财年确立 ·开发未来作战能力所需的试验技术 ·当前的7个重点投资领域 ·定向能 ·超声速 ·网络中心系统 ·无人系统 ·多谱传感器 ·嵌入式仪器 ·频谱效率	·1991财年确立 ·开发和改进具有多军种用途的试验能力 ·当前的52个项目 ·27个项目开发核心的联合能力 ·2个改进互操作性试验能力的项目 ·9个改进试验中使用的威胁表达项目 ·16个项目解决近期使用试验的不足问题	·2007财年确立 ·提供分布式联合试验的合作基础设施 ·2010年已激活了55个站点 ·2011年将扩充到60个站点 ·保持 ·网络连接 ·保密协议 ·集成软件 ·接口定义 ·分布式试验工具 ·可重用知识库

图 3 美国国防部三大试验投资计划对分布式试验与训练能力的投资

1. 通过 T&E/S&T 计划降低 CTEIP 计划的开发风险

为确保试验技术和装备技术保持同步，强化试验设施设备建设的技术基础，美国国防部 T&E/S&T 计划对包括电子战试验、网络空间试验、定向能试验技术、高速系统试验技术、无人自主系统试验技术、网络中心系统试验技术、频谱效率技术、先进仪器技术等在内的 8 个重点试验测试技术领域进行长期持续投资，用于开展这些先进试验测试技术应用研究和先期技术开发，促进这些技术从实验室向试验场/靶场应用的转化；同时制定试验技术长期发展路线图，指导未来试验技术的资金投向。T&E/S&T 计划的技术研发，通常从技术成熟度 3 级开始，到技术成熟度 6 级结束，其成果包括试验技术样机和演示验证。自 2011 财年起，T&E/S&T 计划将多谱试验技术领域改为电子战试验技术领域（子计划），以加强电子战系统试验新技术的预研工作。电子战试验子计划按照跨越电磁频谱运行的光电和射频两个子域分类，旨在改进电子攻击、电子防护和电子支援试验技术和能力。其中，光电领域的研究重点包括导弹告警传感器、红外对抗、精确制导弹药多模式（光电/红外/紫外）导引头、机载光电/红外情报、监视和侦察传感器等；射频领域的研究重点包括：雷达和通信、雷达告警接收机、电磁传感器、干扰系统、精确制导弹药上的射频导引头和机载射频情报、监视与侦察传感器、一体化防空系统试验技术等。

在电子战试验子计划的支持下，一系列新的技术成果不断涌现，为支持美军电子战能力的提升发挥了显著作用。例如，近几年来，电子战试验技术子计划为联合分布式红外对抗地面试验系统（JDIGS）开发了一种新的超晶格的发光二极管光源和测试技术。这种技术提供双色高温场景的帧速率快，能测试新的红外对抗和导弹告警传感器（MWS），提高了美国国防部定向红外对抗系统的测试能力。2013 财年，电子战试验技术领域向马里兰州帕图森特河的空战环境试验鉴定设施交付了一套大功率激光目标板，用于试验定向红外对抗干扰激光器的性能。该技术是确保定向红外对抗干扰激光器指向精度的关键；另据美国国防部 2017 年 4 月公布的《2016 财年国防部研制试验鉴定年度报告》透露，国防部 T&E/S&T 计划中的电子战试验技术领域正在开发一种逼真的高分辨率红外双色景象投射器，能够模仿热目标快速穿行在一种逼真的背景下。该技术能够将来袭威胁的红外景象投射到飞机传感器中，促成对双色导弹告警系统和定向红外对抗系统的逼真的动态测试。该研制工作的补充是开发一种高帧频大型宽带景象投射器，可以广泛应用于红外对抗系统测试和先进的红外制导弹药导引头的测试。

网络空间试验技术领域是 T&E/S&T 计划的另一重要技术领域。该技术领域旨在开发先进技术和方法，用于试验鉴定国防部能力和信息网络在整个网电空间内的防御能力和开展全谱军事作战的能力。该技术领域又分三个子领域：

（1）网电—物理系统：运动系统、网电—物理网络、嵌入式系统——在一个更大的机械或电气系统内具有专项功能的计算机系统，通常受到实时计算约束。

（2）战术优势网络：支持战术优势通信和分布式作战的信息系统和连接性——包括战场空间内的视距和超视距数据链，以及其他网络化系统。

（3）复杂组织体信息系统：使用户能够访问、存储、传输和处理信息的广泛的一元化通信和电信、计算机、必要的复杂组织体软件、中间件、内存和视听系统的综合体。

T&E/S&T 计划的成果为 CTEIP 计划和各军种改进与现代化计划提供输

入。由网络中心系统试验技术领域投资开发的"资源受限环境下的试验与训练使能体系结构（TENA）"方法、"网络效应模拟系统"等网络中心试验环境构建技术，为 CTEIP 计划中 TENA 和"互操作性试验鉴定能力（InterTEC）"等核心工具的开发提供了技术支撑，从而降低了 CTEIP 计划对试验能力开发的风险。

2. 通过 CTEIP 计划为分布式试验与训练能力提供关键支撑工具

CTEIP 计划的重点是促进跨军种试验鉴定能力。在各类试验鉴定硬件投资的基础上，支持技术成熟度为 6 级以上试验鉴定技术研发，发展满足多军种通用或联合试验需求的能力。如该计划持续安排了 TENA、InterTEC、"增强遥测综合网络"（iNET）、"通用靶场综合仪器系统"（CRIIS）等项目，为美军进一步开发分布式试验与训练能力提供了关键支撑工具。其中，TENA 是实现分布式试验与训练的一个核心支撑技术。

20 世纪 90 年代，在 CTEIP 计划支持下启动了"基础倡议 2010"（FI2010）计划，其核心目的就是基于 TENA 构建逻辑靶场。这些逻辑靶场将分布在许多设施中的试验、训练、仿真、高性能的计算技术集成起来，并采用公共的体系结构将它们连接在一起互操作。在一个逻辑靶场中，真实的军事装备及其他模拟的武器和兵力之间能彼此交互，无论它们在什么地方。在 FI2010 工程和逻辑靶场的基础上，将国防部重点靶场和联合训练设施发展成一个大系统，进行联合试验训练的探索。

3. 通过 JMETC 计划提供分布式试验与训练基础设施

根据"联合环境下的试验路线图"，美国国防部 2007 年正式设立 JMETC 计划，目的是为美军分布式试验设施提供网络化的互操作手段与能力，使用户能在联合环境下对各种作战能力进行快速研制、试验和训练。JMETC 计划所要发展的就是一种基于 TENA 的分布式 LVC 试验能力，用于支持采办部门的项目研制、研制试验、作战试验、互操作性认证以及网络就绪关键性能参数要求的演示验证，如图 4 所示。JMETC 计划尽管是一种试验能力，它还与美军联合参谋部的联合国家训练能力（JNTC）联合，并获得 JNTC 能力的补充，以促进试验和训练的协同。

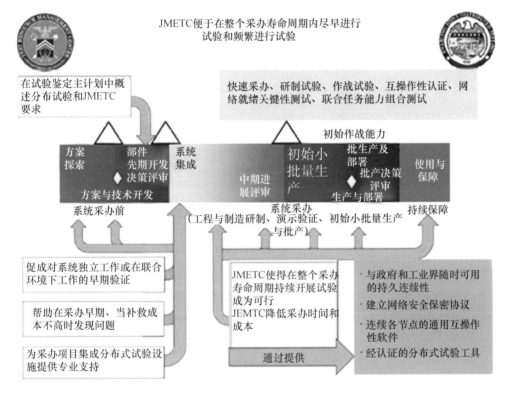

图 4　JMETC 计划在武器系统采办寿命周期中的应用

JMETC 计划提供的分布式试验与训练能力由产品和服务构成。产品包括一种可重用的、易于重构的核心基础设施，它由构成 JMETC 计划的能力基础的 6 件产品构成，如图 5 所示：永久性的网络连接、中间件、标准接口定义和软件算法、分布式试验支持工具、数据管理解决方案和重用知识库，该设施还提供试验与训练之间的兼容性。JMETC 计划服务包括多个用户支援组，能为每个用户提供一个专业技术代表，辅助使用 JMETC 计划产品，并协助进行分布式试验活动的规划、准备和实施等。

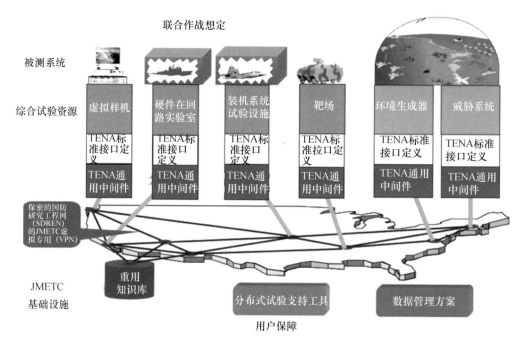

图 5　JMETC 计划基础设施

JMETC 计划采用 TENA，建立新型的试验支撑基础设施。TENA 作为 JMETC 计划的支撑环境，提供中间件和软件组元。JMETC 计划利用 TENA 在其与联合国家训练能力（JNTC）之间提供通用性和兼容性，促成分布式联合试验与训练能力的实现。同时，JMETC 计划保密网（JSN）借助美国保密的国防研究工程网（DREN）提供试验系统的硬件连通。JSN 的任务是集成设施与能力，为试验和训练界创建复杂武器系统（S/SoS）分布式联合试验与训练环境提供一种永久的、健壮的基础设施和技术支持。2013 财年起，网络空间试验鉴定能力建设和国家网络靶场也被纳入该计划管辖范围，并为其专门开设了多重独立的保密等级网（JMN）。2016 财年，JMETC 计划拥有 115 个政府与工业客户站点，支持了 70 余项分布式 LVC 试验和训练活动；2016 财年，JMETC 计划所属国家网络靶场支持了 58 项重大国防采办项目的试验、训练和演习。

（三）实施联合试验鉴定方法工程，开发分布式试验鉴定方法

2006 年，美国国防部启动了联合试验鉴定方法（JTEM）计划，旨在开发一种新的联合试验鉴定方法，采用 LVC 的联合试验环境来评价武器系统的性能及联合任务效能。这项工作由美国国防部作战试验鉴定局负责，各军种和联合司令部参加。

JTEM 的重点是开发能力试验方法（CTM）。CTM 根据试验对象预定交付的能力评价其对联合任务效能的贡献。这种方法可以应用到独立采办的系统、体系或非装备解决方案的试验中，并可用于其他试验。2009 年，美国国防部已经开发了 CTM 3.0 版本。

如图 6 所示，能力试验方法是一个六步骤的试验过程，用于将各军种试验的最佳实践与联合指南、方法和过程进行综合。这六个步骤分别是：①制定试验鉴定策略；②定义试验特征；③制定试验计划；④实现"真实、虚拟、构造的分布式环境"（LVC – DE）；⑤管理试验执行；⑥评价能力。这些步骤通常是按照顺序进行的，但是相互之间存在交叠。

CTM 过程和产品适用于采办项目的所有试验鉴定工作，包括研制试验鉴定、作战试验鉴定、后续试验鉴定等。CTM 引导项目主任和试验管理人员通过规划过程来剪裁并优化试验，进而演示验证联合能力并评估系统性能。CTM 提供了很多工具，帮助用户定义复杂的试验环境、确定度量要求、设计试验事件、建立鉴定产品，以支持能力试验。

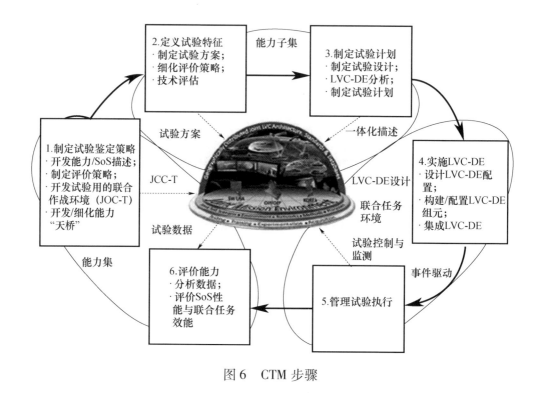

图 6　CTM 步骤

四、结束语

进入 21 世纪，一体化联合作战能力已经成为美军武器装备建设的重中之重，对跨军种、跨武器装备联合试验验证能力和资源的需求日益突出。为此，美国国防部提出了"构想联合能力"，研制"天生联合"的武器系统，并在逼真环境中"像作战那样进行试验和训练"的愿景，并通过中央试验鉴定投资计划、试验鉴定/科学技术计划和联合任务环境试验能力计划的协同持续投资来发展复杂武器系统分布式试验与训练基础设施，通过联合试验鉴定方法计划开发支撑分布式试验与训练的联合试验鉴定方法。

近些年来，美国已逐步建立起支撑分布式试验与训练的联合任务环境试验能力，并已成功开展了多次大规模的分布式试验与训练演习活动，如"综合火力07"（IF07）、"互操作性试验鉴定能力"（InterTEC）、"太平洋阿拉斯加靶场联合体"（PARC）、"持久火力09-01"（PF 09-01）、"联合远征军演习"（JEFX）09-2/3、"敏捷火力第Ⅲ阶段/JEFX 2011""广域海上监视系统环境集成""空海一体战能力开发"等，加速了这些分布式联合试验和训练能力的成熟，并有力促进了美军"天生联合"武器系统的研制工作。

美军通过发展分布式试验与训练能力，并应用于复杂武器系统研制和使用全过程，使武器装备一研制就能满足联合作战的要求，使各武器装备之间的互操作性，以及整个武器装备体系的协同作战效能得以充分发挥，这样不但提高了试验与训练和联合作战的效能，降低了试验与训练的风险，同时能节省大量成本。

（中国航空工业发展研究中心　张宝珍）

"猎鹰"9火箭2017年发射任务初步分析

2017年，美国SpaceX公司的"猎鹰"9火箭取得多项显著成果：全年共进行18次发射，全部成功，年发射次数达到历年之最；在遭遇2016年9月爆炸事故之后，于2017年1月成功实现火箭复飞；在2016年火箭首次实现回收的基础上，2017年首次实现火箭的重复使用，标志着"猎鹰"9火箭的重复使用实现实用化，未来有可能大幅降低火箭发射成本。

一、"猎鹰"9火箭发射情况

2017年，"猎鹰"9火箭共完成18次发射（表1），占美国2017年总发射次数的62%，占世界总发射次数的20%；将50颗卫星、4艘"龙"飞船以及一艘X-37B空天试验飞行器送入轨道，其中商业发射12次，政府载荷发射6次（含军方发射2次）。在上述18次任务中，除4次放弃回收之外，其余14枚全部成功回收；使用回收的火箭进行了5次发射。

重要专题分析

表1 "猎鹰"9发射情况

序号	时间	发射地点	任务载荷	目标轨道	火箭类型	备注
1	2017-01-15	范登堡空军基地	国际空间站第10次货运任务	低轨	全新BLOCK 3型"猎鹰"9	海上回收
2	2017-02-19	肯尼迪航天中心	"铱星"1~10颗	低轨	全新BLOCK 3型"猎鹰"9	陆地回收
3	2017-03-16	肯尼迪航天中心	ECHOSTAR 23通信卫星	高轨	全新BLOCK 3型"猎鹰"9	5.6吨载荷，未回收
4	2017-03-31	肯尼迪航天中心	SES-10通信卫星	高轨	复用BLOCK 3型"猎鹰"9	海上回收
5	2017-05-01	肯尼迪航天中心	NROL-76间谍卫星	低轨	全新BLOCK 3型"猎鹰"9	陆地回收
6	2017-05-16	肯尼迪航天中心	INMARSAT 5-F4通信卫星	高轨	全新BLOCK 3型"猎鹰"9	6.1吨载荷，未回收
7	2017-06-04	肯尼迪航天中心	国际空间站第11次货运任务	低轨	全新BLOCK 3型"猎鹰"9	陆上回收，首次复用"龙"飞船
8	2017-06-24	肯尼迪航天中心	BULGARIASAT-1通信卫星	高轨	复用BLOCK 3型"猎鹰"9	海上回收
9	2017-06-26	范登堡空军基地	"铱星"11~20颗	低轨	全新BLOCK 3型"猎鹰"9	海上回收
10	2017-07-06	肯尼迪航天中心	NTELSAT 35E通信卫星	高轨	全新BLOCK 3型"猎鹰"9	6.76吨载荷，未回收
11	2017-08-15	肯尼迪航天中心	国际空间站第12次货运任务	低轨	全新BLOCK 4型"猎鹰"9	陆地回收
12	2017-08-25	范登堡空军基地	"福卫五号"	低轨	全新BLOCK 4型"猎鹰"9	海上回收
13	2017-09-07	肯尼迪航天中心	X-37B	低轨	全新BLOCK 4型"猎鹰"9	陆地回收
14	2017-10-09	范登堡空军基地	"铱星"21~30颗	低轨	全新BLOCK 4型"猎鹰"9	海上回收

(续)

序号	时间	发射地点	任务载荷	目标轨道	火箭类型	备注
15	2017-10-12	肯尼迪航天中心	SES 11/EchoStar 105 通信卫星	高轨	复用 BLOCK 3 型"猎鹰"9	海上回收
16	2017-10-31	肯尼迪航天中心	KOREASAT 5A 通信卫星	高轨	全新 BLOCK 4 型"猎鹰"9	海上回收
17	2017-12-15	卡纳维拉尔角空军基地 LC-40 发射台	国际空间站第 13 次货运任务	低轨	复用 BLOCK 3 型"猎鹰"9	陆地回收，复用"龙"飞船
18	2017-12-23	范登堡空军基地	"铱星"31~40 颗	低轨	复用 BLOCK 3 型"猎鹰"9	不回收

（一）实现"猎鹰"9火箭的复飞

2017年1月15日，SpaceX 公司在范登堡空军基地成功发射"猎鹰"9火箭，以一箭十星的方式将"铱星"公司下一代首批10颗卫星送入极轨道，并首次在太平洋上实现海上回收火箭。这是自2016年9月1日的发射台爆炸后，"猎鹰"9火箭的首次发射。此次任务亮点包括：①载荷最重。每颗"铱星"重860千克，加上卫星适配器1000千克，此次载荷重约9600千克，是"猎鹰"9发射的最重载荷，这也决定了只能采用海上回收的方式。②首次太平洋回收。由于此次从西海岸发射，因此火箭只能在太平洋上回收；加之此前的海上回收都是在大西洋完成，现在"猎鹰"9回收可谓是"左右开弓"。

由于2016年9月1日发射台爆炸事故的原因与浸泡在火箭二级液氧贮箱中的"复合材料缠绕压力容器"（COPV）有关，与 COPV 直接接触的少量超冷液氧在液氦加注到 COPV 时固化并与碳纤维发生反应引发爆炸。因此，SpaceX 采取以下改进措施。①改变 COPV 配置。在二级液氧贮箱原有3

个 COPV 的基础上增加 1 个 COPV，从而增加氦气的体积；并不再使用液氦，而使用温度稍高的氦。②改进加注流程。在二级液氧贮箱加注前，先加注完氦，使 COPV 在加注液氧之前进入完全稳定的状态，不会发生形变。③不再带载荷进行静态点火测试。在发射前的静态点火测试中，10 颗"铱星"并没有安装在火箭上。

（二）实现火箭一子级重复使用（表 2）

表 2 "猎鹰" 9 火箭回收与复用情况一览表

	第一次重复使用	第二次重复使用	第三次重复使用	第四次重复使用	第五次重复使用
时间	2017-03-31	2017-06-24	2017-10-12	2017-12-15	2017-12-23
任务载荷	SES-10 通信卫星（高轨）	BulgariaSat 通信卫星（高轨）	EchoStar 105/SES-11 通信卫星（高轨）	国际空间站第 13 次货运任务	"铱星" 31~40 颗
回收方式	海上	海上	海上	陆地	不回收
上次任务时间	2016-04-08	2017-01-15	2017-02-19	火箭 2017-06-04，"龙"飞船 2015-04	2017-06-26
上次任务载荷	国际空间站第 8 次货运任务	"铱星" 1~10 颗	国际空间站第 10 次货运任务	国际空间站第 11 次货运任务	"铱星" 11~20 颗
上次回收方式	海上	海上	陆地	海上	海上

2017 年 3 月 31 日，SpaceX 公司的"猎鹰" 9 火箭从肯尼迪航天中心发射，将卢森堡 SES 公司的 SES-10 通信卫星送至地球同步转移轨道。此次发射使用的"猎鹰" 9 火箭一子级是 2016 年 4 月执行国际空间站货运任务后回收的火箭一子级，这也使得"猎鹰" 9 火箭成为全球第一种可重复使用

的轨道任务火箭。随后，SpaceX 公司又先后完成 4 次火箭的重复使用，均获成功，且用户也从商业用户扩展到政府用户，进一步说明 SpaceX 公司基本掌握了"猎鹰"9 火箭的回收与重复使用技术。

此前蓝源公司的"新谢帕德"火箭虽然实现了数次重复使用，但该火箭发射高度仅为亚轨道，并非真正意义上的轨道任务火箭。对于快速翻修与发射价格，SpaceX 公司透露，从火箭执行完国际空间站第 8 次货运任务（CRS-8）成功回收到运回工厂进行彻底检查和翻修以完成下一次发射任务准备，目前需要约 4 个月的时间，未来这个间隔将进一步缩短为 2 个月，最终目标是 1 天，即 24 小时之内实现同一枚火箭的两次发射。目前"猎鹰"9 火箭发射价格报价为 6200 万美元，而使用回收的火箭，则价格可能降低约 10%，随着翻修时间的进一步降低与回收技术的进一步成熟，发射价格可能降至更低。

（三）实现火箭与飞船的同时重复使用

2017 年 12 月 15 日，SpaceX 公司在美国空军卡纳维拉尔角空军基地成功发射"猎鹰"9 火箭，将"龙"飞船送入位于低地球轨道的国际空间站。值得注意的是，此次使用的"猎鹰"9 火箭一子级和"龙"飞船都是经过回收重复使用，而非全新。此前在 2017 年 6 月的国际空间站货运任务中，已经实现"龙"飞船的首次复用。

此次任务使用的火箭一级回收自 2017 年 6 月执行 CRS-11 国际空间站货运任务，"龙"飞船回收自 2015 年执行 CRS-6 任务。可以说，除了火箭二子级外，此次使用的发射系统都是"二手"的。不过需要说明的是，"龙"飞船由加压舱和非加压舱两部分组成，非加压舱再入大气层时就烧毁了，因此"龙"飞船只能算是部分重复使用。

(四) 多次实现"猎鹰"9火箭背靠背快速发射

2017年6月24日和26日,以及10月9日和10月12日,SpaceX公司的"猎鹰"9火箭两次实现48小时之内两次发射。尽管是分别从肯尼迪航天中心和范登堡空军基地东西两个发射场实现的,但这也是SpaceX公司2017年取得的突破。历史上,苏联/俄罗斯和美国都曾实现过同一类型火箭在不同发射场或同一发射场的"背靠背"发射,但是作为私人公司的商业发射,这尚属首次。

SpaceX公司目前租用3个发射台,分别是西海岸范登堡空军基地的SLC-4E发射台(极轨商业发射任务),以及东海岸的卡纳维拉尔角空军基地LC-40发射台("猎鹰"9火箭商业发射任务)和肯尼迪航天中心的LC-39A发射台("猎鹰"重型火箭和"猎鹰"9火箭载人任务)。

虽然美国空军为租用的发射台提供厂房和场地、火箭燃料以及部分测控服务与气象预报服务,但火箭的测试及发射则都是由SpaceX公司负责完成。能够实现两次火箭"背靠背"发射,主要是因为SpaceX公司针对东西两个发射场,组建了两个发射团队,但任务控制中心都是位于公司总部。由于目前的测控与气象服务由美国空军提供,因此空军建议SpaceX公司在同一天实现两枚火箭在美国东靶场不同发射台发射,以使该公司的发射能力最大化,同时也可避免占用空军过多的资源。总裁马斯克表示,2018年该公司将实现每两周发射一次,该发射频率将超过全球任何一家公司或政府。

二、继续升级"猎鹰"9提高重复使用能力

SpaceX公司十分重视火箭的重复使用,已投入约10亿美元用于技术研发,目前该公司已经基本掌握火箭复用技术,下一步工作的重点则是进一

步改进技术，缩短火箭复用的间隔。

一是改进火箭格栅翼。将原先铝制的格栅翼更换为钛格栅翼，尽管重量和体积都有所增大，但钛格栅翼防热性能更好，可以实现重复使用，缩短回收火箭的整修时间，便于火箭的快速重复使用。

二是推出"猎鹰"9 BLOCK 5 火箭。SpaceX 公司首席技术官汤姆·穆勒称，将于 2018 年推出下一代 BLOCK 5 型"猎鹰"9 火箭，这也将是"猎鹰"9 火箭的终极版。与目前使用的 BLOCK 3 型相比，BLOCK 5 型火箭有以下改进：推力提高 7%~8%，载荷能力进一步提高；持续改进飞控系统，降低回收所需的燃料；复用效率大幅提高，一级采用新的热防护涂层，减少再入时的热损伤；可缩进的回收支架，便于回收和运输；火箭发动机采用可复用的热防护。BLOCK 5 型"猎鹰"9 最大的特点是更便于火箭的重复使用。火箭一子级回收后，可以不进行任何整修，在 24 小时内实现再次发射；且重复使用次数在 12 次以上。目前的 BLOCK 3 型"猎鹰"9 整修仍需数月时间，只能重复使用 2 次。在后续任务中，重复使用的 BLOCK 3 型"猎鹰"9 火箭基本上没有再进行回收，这也说明该型火箭重复使用能力极其有限，无法达到多次使用充分降低成本的目的。

三、继续研发更大型运载火箭

SpaceX 公司的"猎鹰"重型火箭在 2017 年进展顺利，并在 2018 年 2 月实现首飞。该重型火箭在不考虑回收的情况下，近地轨道载荷能力 63.8 吨，地球同步转移轨道载荷能力 27.7 吨，火星载荷能力 16.8 吨，一举成为现役最强大火箭，其运载能力在人类航天史上仅次于美国登月所使用的"土星"-5 火箭和苏联的"能源"号火箭。但对于 SpaceX 公司而言，为实现登陆火星,"猎鹰"重型火箭显然是能力不足。

为此,SpaceX 公司总裁马斯克 2017 年 9 月在澳大利亚举行的第 68 届国际宇航大会上表示,将研发 BFR 巨型火箭用于未来的月球基地和火星殖民。BFR 将是火箭与飞船的结合体,将取代现役"猎鹰"9 火箭、"猎鹰"重型火箭以及"龙"飞船,不仅可为国际空间站和地球轨道卫星提供服务,还能帮助建立月球基地,或将人类送上火星。BFR 系统推进系统采用 31 台"猛禽"甲烷/液氧发动机,上面级及飞船舱采用 6 台"猛禽"发动机,近地轨道运输能力最高达 250 吨,若考虑回收一子级将达到 150 吨;一次可运输 80~120 人,最多可容纳 200 人;具备往返月球或单程火星的能力;具备重复使用能力,可在轨补充燃料;预计 6~8 个月后将开始建造,计划 2022 年首飞火星。

四、几点认识

从 SpaceX 公司 2017 年的主要发射任务来看,该公司不仅顺利实现火箭复飞,而且在火箭重复使用、快速发射等领域取得较大进展。

(一) 初步掌握了火箭的重复使用技术

2017 年全年,SpaceX 公司实现 5 次火箭重复使用,使用的回收火箭均为执行过低轨任务的火箭,这说明低轨任务火箭回收后的状况比较良好,适合执行复用任务。而此次火箭再次执行低轨任务并被回收,表明该火箭可能第三次使用。SpaceX 公司也公开表示,火箭并非只能使用 2 次,有可能使用 3 次以上。

此次发射也是首次使用回收的火箭发射美国政府的载荷。虽然只是美国国家航空航天局(NASA)的载荷,但未来很有可能扩展到国家安全领域，这一方面说明 SpaceX 公司回收与重复使用技术的足够成熟，另一方面也可以降低美国政府载荷发射成本与提高空间快速响应性。

（二）火箭快速发射能力大幅提高

SpaceX 公司全年共完成 18 次发射，创历史新高。未来 2018 年将进行更多地发射，发射次数预计达到 30 次。这主要得益于该公司可以使用多个发射场进行发射，特别是经过整修的 SLC-40 发射场发射能力更强。

SLC-40 自 2016 年 9 月发生爆炸事故以来一直进行整修，最终于 2017 年 12 月恢复使用。爆炸事故发生后，SpaceX 公司投资 5000 万美元对 SLC-40 进行整修与升级：更加坚固，如果未来在遭遇类似事故，SLC-40 可以在 2 个月内恢复使用，而 2016 年的事故导致该发射台 14 个月无法使用；自动化程度更高，发射间隔时间从 12 天缩为 7 天；与 LC-39A 和 SLC-4E 更加类似，更加便于维护和操作。

（军事科学院军事科学信息研究中心　廖小刚）

附 录

2017年试验鉴定领域大事记

1月

美国导弹防御局完成分布式弹道导弹防御地面试验 美国导弹防御局网站1月3日报道,美国导弹防御局(MDA)、一体化导弹防御联合职能司令部、美国北方司令部和美国太平洋司令部联合完成弹道导弹防御(BMD)系统的地面试验,以评估其性能。在为期12天的试验中,弹道导弹防御系统参与了各种模拟威胁场景,以评估系统在实际威胁中的响应。此次试验被命名为GTD – 06 Part 2,对弹道导弹防御系统的功能进行综合评估。

美国国会批准2017财年大幅提升国防部激光武器项目研发试验开支 美国导弹内情网站1月4日报道,根据奥巴马总统2016年12月23日签署的2017财年《国防授权法案》,美军2017财年用于研发及采购激光武器的资金将较2016年开支水平上涨51%,主要原因在于美国国防部在研发及作战试验定向能武器系统方面取得了巨大的进步。

印度成功试射两枚"烈火"弹道导弹 简氏防务周刊1月6日报道,印度国防研究与发展组织于近日从位于印度东海岸的阿卜杜勒·卡拉姆岛综合试验靶场成功地试射了两枚可搭载核弹头的"烈火"-4和"烈火"-5弹道导弹。印度国防部表示,印度于1月2日成功试射了一枚射程为4000千米的"烈火"-4中程弹道导弹(IRBM)。这是该型中程弹道导弹的第6次成功试射。而此前一周,印度第四次成功地试射了一枚"烈火"-5洲际弹道导弹。

美军最新超级武器"灰山鹑"无人机蜂群试飞成功 美国国家利益网站1月9日报道,美国海军和美国国防部战略办公室(Strategic Capabilities Office,SCO)在加利福尼亚的中国湖进行100多架无人机的飞行试验,验证了自主无人机蜂群技术。试验期间,波音F/A-18E/F"超级大黄蜂"发射103架"灰山鹑"(Perdix)无人机,验证集体决策、自适应编队飞行和自我修复等蜂群行为。

美国国防部发布《2016财年作战试验鉴定年度报告》 美国国防部作战试验鉴定办公室官网1月10日报道,美国国防部作战试验鉴定办公室发布了《2016财年作战试验鉴定年度报告》。全文532页,共11部分。该报告总结了过去一年美国国防部组织实施的全部试验鉴定活动。国防部作战试验鉴定办公室2016财年共实施了316个监管项目,包括30个重大自主信息系统。监管从采办初期开始介入,在大规模生产过程中持续进行,直到项目从监管清单中移除。

俄罗斯试验首部电磁导轨炮 澳大利亚每日航天网站转载俄罗斯卫星新闻网1月10日报道,据俄罗斯科学院高温研究所沙图拉分部的专家表示,该所科学家已成功试验该国首部电磁导轨炮。该导轨炮能以3千米/秒的速度发射弹丸,足够穿透当今世界的任意装甲。在最近一次试验中,该导轨炮以3千米/秒的速度(发射相当于助推火箭克服重力、到达地球轨道所需速度的一半)发射了一个重15克的塑料筒,穿透了厚度达到几厘米的铝板。

美国雷声公司和美国海军完成"战斧"导弹飞行试验 美国合众国际新闻社 1 月 12 日报道，雷声公司和美国海军完成"战斧"Block Ⅳ 型巡航导弹的两次试射，旨在验证该导弹打击时间敏感型目标的能力。试验中，一枚战斧导弹从美国海军"平克尼"号舰船上发射，使用发射平台任务规划能力，导弹按照既定轨迹飞行。第二次试验时间更长一些，并进行末端下潜的机动动作，以打击预定目标。雷声公司表示，导弹在试验中的表现表明其具备打击防御难度大的目标。

印度试射改进型"皮纳卡"多管火箭发射系统 俄罗斯新闻社 1 月 13 日报道，印度已成功试射改进型"皮纳卡"多管火箭发射系统。该系统将可替代俄制 Smerch 型多管火箭发射系统。试验中，mark Ⅱ 型"皮纳卡"火箭弹从昌迪普尔的综合试验靶场 3 号发射综合设施发射。该武器是制导型"皮纳卡"，是 mark Ⅰ 型的改进型，配有一个导航、制导和控制组件，从而增强了射程和精准度。

美国陆军联合空地导弹试验成功摧毁小型船只 美国防务新闻网 1 月 13 日报道，美国陆军表示，一枚联合空地导弹（JAGM）成功摧毁了一艘 4 千米之外的小型遥控船只。该型导弹未来将替代美国陆军"地狱火"导弹。此次试验由导弹与空间项目执行办公室、联合攻击弹药系统项目办公室、美国陆军航空与导弹研发与工程中心以及洛克希德·马丁公司联合开展。目前，洛克希德·马丁公司正在研制联合空地导弹，同时它也是"地狱火"导弹的生产商。

美国陆军利用多任务地面发射器试射小型碰撞杀伤导弹 美国防务世界 1 月 17 日报道，美国陆军利用多任务发射器试射了小型碰撞杀伤导弹——1 枚 AIM-9X"响尾蛇"导弹和一枚 AGM-114"地狱火"导弹。

试射拦截导弹的目的是试验其摧毁来袭敌方炮弹、火箭弹、巡航导弹、无人机以及飞机的能力，给地面部队提供保护。这款多任务发射器可发射多种不同类型的武器，通常这类发射器是按空射这些导弹设计的。

俄罗斯成功试射"白杨"洲际弹道导弹　美国空间站网站 1 月 18 日报道，俄罗斯国防部称俄军方成功试射一枚"白杨"（Topol－M）洲际弹道导弹。试验中，导弹从普列谢茨克航天发射场发射，以高精准度击中了设在堪察加半岛发射场内的一个假设目标，以确认该类型洲际弹道导弹飞行特性的稳定性。"白杨"型（Topol－M）洲际弹道导弹可从安装在 MZKT－79221 通用运输发射平台上的发射架或 APU 发射器上启动部署。

美国雷声公司完成美国空军全球定位系统下一代操作控制系统的工厂合格试验　美国空军技术网站 1 月 18 日报道，雷声公司承担的美国空军全球定位系统下一代操作控制系统（GPS OCX）项目达到重要里程碑，完成了 GPS "发射和检测系统（LCS）"的工厂合格试验。试验中，雷声公司在位于科罗拉多州的奥罗拉工厂的网络硬环境下，试验了 74 项操作控制系统的分段要求，证明了发射和检测系统离美国空军要求更加接近，可在 2017 年交付操作控制系统的发射和检测系统。

以色列 C－130J 运输机试验最新的自我防护系统　美国飞行国际 1 月 18 日报道，以色列空军正在为 C－130J 战术运输机装备可抵御面空导弹威胁的先进自我防护系统。由于以色列持续接收美制运输机，因此其空军飞行试验中心需要不断对基于高精度诱饵弹的新型对抗装备进行作战试验。而且，一旦装备了这种最新的自我防护系统，空军运输机将能够与使用肩射热寻导弹的恐怖份子进行对抗。目前，以色列空军已接收了 4 架 C－130J。

美国陆军 M1A2 "艾布拉姆斯"主战坦克进行实弹射击精度筛选试验
美国陆军技术网站 1 月 18 日报道，美国陆军在实弹射击训练前，正在波兰进行实弹射击精度筛选试验（LFAST）。陆军第1营、第8步兵团、第3装甲战斗小组和第4步兵师利用快速零校正方法进行了精准射击。

美、以再次成功开展"大卫投石索"武器系统拦截试验 美国导弹防御局网站1月25日报道，以色列国防研究与发展局（DDR&D）导弹防御组织与美国导弹防御局（MDA）成功完成"大卫投石索"武器系统的新一轮系列试验。该导弹防御系统是以色列多层反导系统的中心部分。此次试验代号为"大卫投石索试验-5"（DST-5），是"大卫投石索"武器系统的第5次系列试验。此次系列试验在以色列帕勒马希姆空军基地的Yanat海上靶场举行。

2月

美、日成功进行首次"标准"-3 Block2A导弹拦截试验 美国导弹防御局网站报道，夏威夷标准时间2月3日，美国导弹防御局和日本防卫省在夏威夷附近海域，在"约翰·保罗·乔治"号驱逐舰上利用"标准"-3 Block2A成功拦截了一枚弹道导弹靶标。"标准"-3 Block2A导弹是美国和日本联合研制的中程弹道导弹，是"宙斯盾"弹道导弹防御系统的一部分，可从装备"宙斯盾"系统的舰船或岸基设施发射。此次试验是"标准"-3 Block2A导弹的第三次发射，也是第一次拦截试验。

美国空军F-35A战斗机试射首枚AIM-120先进中距空空导弹 美国空军技术网站2月6日报道，美国空军第33战斗机联队利用作战可用的F-35A战斗机试射首枚AIM-120先进中距空空导弹（AMRAAM）。本次导弹发射是美国廷德尔空军基地展开的一套武器系统评估试验的一部分。在试验中，战斗机联队将AMRAAM导弹分别装载到四架战机。由于前3枚导弹均发射成功，因此最后1枚导弹没有发射。AIM-120 AMRAAM是一种全天候的超视距空空导弹，配备了带有惯性基准单元（Inertial Reference Unit）的主动雷达。

印度海军"伊尔"-38飞机首次进行反舰导弹试射　美国防务世界网站2月8日报道，在印度军方举行的战区战备和作战演习（Tropex-17）中，印度海军改进升级后的"伊尔"-38"海龙"（IL-38SD）反潜巡逻机首次进行反舰导弹试射，命中一艘位于阿拉伯海的靶船。IL-38是以IL-18涡轮螺旋桨运输机为基础研发的海上巡逻和反潜作战飞机，用于监视、搜索救援、海上侦察和反潜作战，可探测拦截水面舰船和潜艇，服役于俄、印海军。

美国洛克希德·马丁公司、导弹防御局和美国海军试验最新版导弹防御武器系统　新新互联网2月8报道，本周一，由导弹防御局、美国海军和洛克希德·马丁公司相关人员组成的小组，首次在舰上对最新版"宙斯盾"弹道导弹防御（BMD）5.1武器系统进行了研制试验，验证了其在舰上的操作性能。试验中，"约翰·保罗·琼斯"号驱逐舰搭载"宙斯盾"基线9.C2（BMD5.1）作战系统，探测、跟踪并拦截了一枚中程弹道导弹靶标。

美国空军C-130J运输机Block8.1升级后进行飞行试验　美国空军技术网站2月9日报道，2月3日，美国空军的C-130J"超级大力神"运输机在进行了Block 8.1升级改进后，开始在小石城空军基地进行飞行试验工作，验证飞机新安装的硬件和软件的可操作性。Block 8.1升级内容包括改进C-130J的GPS导航功能，改进通信系统，更新敌我识别系统，使飞机遵守全球空中交通管理规定。同时，飞机的航空系统也将标准化以提高互操作性，能更好地与世界各地的指挥和控制系统沟通。

美国海军未来远征快速运输舰"尤马"号完成验收试验　ASD新闻网2月8日报道，1月26日，美国海军未来远征快速运输舰"尤马"号在墨西哥湾经过2天的鉴定,圆满完成验收试验并返回奥斯塔美国船厂。试验期间,美国海军检查和调查委员会通过对"尤马"号进行大量试验(包括在码头和海上),验证了其设备的准备情况和系统操作情况,评估确定了"尤马"号符合最终验收的所有标准。

印度成功试射高空弹道导弹拦截弹　俄罗斯新闻社2月11日报道,印度于当地时间上午7:25从阿卜杜勒·卡拉姆岛成功地试射一枚导弹,名为PDV拦截弹。拦截弹拦截的目标从一只位于孟加拉湾的舰船上发射,该舰船距离阿卜杜勒·卡拉姆岛超过2000千米。此次试射是印度发展其新型弹道导弹防御系统的一个重要组成部分。

美国G-CLAW导弹成功命中移动目标　ASD新闻网站2月14日报道,Textron公司于当日宣布,成功试射了其研制的精确制导滑翔武器——G-CLAW,并命中移动目标。此次试验于2016年10月在尤马靶场进行。试验中,导弹从塞纳斯大篷车系列飞机上发射,通过将GPS半自动惯性导航系统转换为半主动激光传感器末端制导,以1米以内的圆误差概率分别命中静止和动态目标。G-CLAW精确制导滑翔武器系统融合了3种引信模式,能够针对不同目标选择更好的模式。该武器采用模块化设计,以支持其与制导、传感和弹头效应等方面的新兴技术快速融合。

印度"一箭104星"成功发射,超中、美、俄创历史　印度斯坦时报2月15日报道,印度当地时间2月15日9时28分,印度空间研究组织在该国南部萨迪什·达万航天中心成功发射"一箭104星",打破俄罗斯在2014年6月创造的"一箭37星"世界纪录,是迄今人类单次发射卫星数量最多的一次。

美国空军试射"民兵"-3导弹　美国航天日报网站2月15日报道,来自迈诺特和范登堡空军基地的美国空军人员完成未携带弹头的"民兵"-3导弹试射。试验前，导弹从迈诺特空军基地的竖井中移出，后在范登堡空军基地重新装配。试验由第91导弹联队负责执行。

美国诺斯罗普·格鲁曼公司和英国皇家空军测试第五代和第四代快速喷气机的机载通信互操作能力　法国航宇防务网站2月16日报道，美国诺斯罗普·格鲁曼公司和英国皇家空军，利用诺斯罗普·格鲁曼公司研制的机载网关，进行了F-35B"闪电"Ⅱ型战机和"台风"FGR4战机之间的通信互操作能力。试验为期两周，由英国国防部出资，在莫哈韦沙漠上空进行。此次试验是首次非美国的五代和四代战机共享多功能先进数据链传递的信息。

北约国家"动力前进"Ⅱ演习测试联合火炮系统　美国陆军网站2月17日报道，来自10个北约国家的近1400人参加了在德国第七陆军训练司令部举行的"动力前进"Ⅱ演习。此次演习时间为2月26日—3月10日，旨在发现在通过软件项目——火炮系统联合计划（ASCA）推进火力互操作性的过程中出现的问题，并确定解决方案。ASCA能够通过连接各国占地火炮/火力支持指控系统，来实现数字通信的自动化。

美国洛克希德·马丁公司完成改进型战术导弹系统两次飞行试验　美国防务对话网站2月21日报道，美国洛克希德·马丁公司近日发布消息称，该公司于今年2月和去年12月在位于新墨西哥州的白沙导弹靶场成功进行了两次美国陆军改进型战术导弹系统（Tactical Missile System，TACMS）的飞行试验，这两次试验是改进型战术导弹系统连续成功进行的第三次和第四次飞行试验。两次试验中，导弹均使用"高机动火箭炮系统"（High Mobility Artillery Rocket System，HIMARS）发射。试验由美国陆军的"战术导弹系统服务延寿"项目支持，该项目旨在将武器的使用寿命延长十年以上。

俄罗斯T-50战机进行导弹炸弹集成试验　俄罗斯新闻社2月22日报

道，俄罗斯国防部副部长尤里·鲍里索夫称，俄罗斯第五代战斗机 T-50（PAK FA）正在开展导弹和炸弹武器的集成试验。该试验是对飞机系统进行鉴定，包括空空、空面导弹和炸弹等航空武器集成，是重要的试验阶段，目的是验证 T-50 战机所有的战斗能力。T-50 战机是第五代隐身战斗机，是单座双引擎多用途喷气式战斗机，主要用于制空权争夺和空中攻击。

伊朗试射新型潜射巡航导弹 美国全球安全网站 2 月 27 日报道，伊朗海军在波斯湾举行的军事演习中试射了一枚新型潜射巡航导弹"纳斯尔"，并命中目标。前一日，伊朗海军还试射了一枚激光制导导弹"Dehlaviyeh"。但关于这两枚国产导弹的射程却并未透露。本次演习代号为"Velayat"-95，演习区域设在霍尔木兹海峡、阿曼海和印度洋北部。

3 月

印度成功试射自主研制的低空超声速拦截导弹 法国航宇防务网站 3 月 1 日报道，印度成功试射了自主研制的超声速拦截导弹，该导弹可摧毁从低空来袭的所有弹道导弹。印度报业托拉斯通讯社援引一名印度国防官员的消息称，本次的发射试验是一次低空试验，目的是为了验证拦截弹在飞行模式下的各种参数。这是该导弹在不到一个月的时间内进行的第二次发射试验。

NASA 开展 X-PLANE 飞机首次风洞试验 Nextbigfuture 网站 3 月 1 日报道，美国国家航空航天局（NASA）和洛克希德·马丁公司在 NASA 位于克利夫兰州的格伦研究中心对采用"超声速静音技术"（QueSST）的 X-PLANE 飞机初步设计开始了首次高速风洞试验，使超声速客机距离现实更近一步。

美国空军与雷声公司试验"微型空射诱饵—干扰机"的升级导航系统
新新互联网站 3 月 1 日报道，2 月 28 日在白沙导弹靶场，美国空军与雷声公司在 B-52H 轰炸机和 F-16 战斗机上进行了 6 次飞行试验，以验证"微型空射诱饵—干扰机"（MALD-J）的升级导航系统性能。该导航系统升级计划被称为"GPS 辅助的惯性导航系统Ⅱ"（GAINS Ⅱ），包括 1 套增强的多单元 GPS 控制天线组合，可提升 MALD-J 在 GPS 受干扰环境中的导航性能。

印度"鲉鱼"级潜艇成功完成首次反舰导弹试射 美国今日海军网站 3 月 2 日报道，印度海军称，作为印度海军 6 艘柴电动力攻击潜艇的首艇，"鲉鱼"级"虎鲨"（INS Kalvari）潜艇于 3 月 2 日在阿拉伯海地区首次完成试射一枚反舰导弹。海军表示，在试射过程中导弹在增程范围内击中了一个水面目标。虽然海军没有公布细节，但是该导弹被认为很可能是"飞鱼"Exocet SM39 反舰导弹。导弹制造商表示，"飞鱼"SM39 是"飞鱼"家族导弹的潜射版本，射程为 50 千米。

美国诺斯罗普·格鲁曼公司进行无人机多光谱传感器有效载荷试验
法国航宇防务网站 3 月 2 日报道，3 月 1 日美国诺斯罗普·格鲁曼公司在其加利福尼亚的帕姆代尔飞机总装厂开始对 RQ-4"全球鹰"无人机上搭载 MS-177 多光谱传感器进行首次飞行试验，试验将持续到 2017 年上半年。该传感器不仅能使用广域搜索和各种感知技术发现目标，还可以利用其灵活的多感知模式对目标进行修正、跟踪和评估。此次试验是该传感器首次在高空长航时无人机系统上进行的试飞。

印度试射先进区域防御大气层内拦截导弹 法国航宇防务网站 3 月 2 日报道，印度国防研究与发展组织于当地时间上午 10 时 15 分在孟加拉湾的阿卜杜勒·卡拉姆岛成功进行先进区域防御拦截导弹试射，并实现所有任务目标。该导弹能在 15000～25000 米空中拦截并摧毁来袭导弹。试验中，武器系统雷达对目标导弹进行追踪，并为拦截导弹提供初始制导，使其精确定位目标导弹，在大气层内将其摧毁。

美国海军进行"面面导弹任务模块"试射 美国海上力量杂志网站 3 月 8 日报道，美国海军于 2 月 28 日在诺福克海岸，从"底特律"号近海战斗舰上进行了"面面导弹任务模块"（SSMM）的试射。这是首次从近海战斗舰上试射 SSMM 导弹，也是近海战斗舰首次使用机械能垂直导弹发射装置发射导弹。

欧洲"台风"战机完成新一轮"硫磺石"武器集成飞行试验 法国航宇防务网站 3 月 14 日报道，欧洲战机公司的"台风"（Typhoon）战斗机在 BAE 系统公司位于兰开夏郡的工厂成功完成了"硫磺石"（Brimstone）空地武器的新一轮飞行试验。这些试验活动是"台风"战斗机正在进行的"第三阶段增强"（P3E）包开发工作的一部分。作为英国国防部"百人队长"（CENTURION）计划的一部分，确保皇家空军的"狂风"战斗机能力在 2018 年底之前向"台风"战斗机平稳过渡。

印度航空母舰试射"巴拉克"导弹 美国防务世界网站 3 月 25 日报道，印度唯一一艘航空母舰"维克拉玛蒂亚"号于 3 月 24 日进行了新上舰的"巴拉克"近程面空导弹的首次试射。此次试验在阿拉伯海进行，导弹成功命中并摧毁了一个真实的、低空飞行高速靶标。

美军测试电磁导轨炮 美国军事航空航天电子学网站 3 月 28 日报道，美军正在测试一款新型电磁导轨炮，可以约 7240 千米/小时的速度发射弹药。

美国海军开展反潜武器安全分离试验 新新互联网网站 3 月 30 日报道，美国海军于近日开展"高海拔反潜作战武器能力"系统从 P–8A "海神"

海上巡逻机上安全分离的试验。该系统是一种安装在 Mk54 轻型鱼雷上的航空组件，主要通过目标定位、导航、制导等技术，使鱼雷具备对潜艇实施远程精确打击的能力，预计在 2017 年底进行制导飞行试验。波音公司估计，该系统可从 9000 多米的高空释放，但最大高度还有待研究。

美国 SpaceX 公司成功发射首枚"回收"火箭 美国防务技术站网 3 月 30 日报道，3 月 30 日，SpaceX 公司在 NASA 的肯尼迪航天中心将"回收"的"猎鹰"9 号火箭成功发射，并在大西洋的一艘驳船上再次成功"回收" 224 英尺高的火箭一子级。该事件标志着轨道级助推器的首次"重新飞行"。SpaceX 公司总裁埃隆·马斯克表示，此次"回收"火箭的成功发射并回收意味着轨道级助推器可进行发射和重发射，助推器是火箭中最贵的部分。

美国海军首次进行 AN/SPY–6（V）防空反导雷达 BMD 试验 美国海上力量杂志网站 3 月 31 日报道，3 月 15 日，美国海军海上系统司令部于 30 日宣布，其于 3 月 15 日在夏威夷西海岸，利用 AN/SPY–6（V）防空反导雷达进行了一次飞行试验，这是美国海军针对该型雷达策划的系列弹道导弹防御飞行试验的首次试验。试验中，该型雷达对一枚从太平洋导弹靶场发射的近程弹道导弹靶标进行搜寻、侦察和持续跟踪。根据初步数据显示，此次试验实现了主要目标。

英国激光武器试验成功摧毁迫击炮弹 法国航宇防务网站 3 月 31 日报道，英国防务科学与技术研究实验室（DSTL）激光武器研究人员表示，他们所研制的激光武器系统已经能够摧毁迫击炮弹。预计全面演示验证将于两年后举行。根据 DSTL 在英国政府网站上发布的视频，该激光武器在几秒内将一枚静止的 82 毫米迫击炮弹的厚金属壳熔化了一个洞。该团队预计，如果研发活动取得成功，预计该激光武器将于 21 世纪 20 年代中期服役。

4月

DARPA宣布完成X–Plane垂直起降演示验证机飞行试验　美国海军首席信息官网站4月4日报道，作为X–Plane垂直起降（XTOL）项目的一部分，美国国防高级研究计划局（DARPA）已经完成了一款小尺寸版本的飞行试验，且已经开始开发这款开创性飞机设计的全尺寸版本。这款飞机由极光飞行科学公司开发制造，配备24个电动风扇，其中18个分布在主翼内部，6个分布在鸭翼内部，机翼和鸭翼可以从向前飞行过渡到垂直起降，并旋转到翼载飞行的水平位置。

美国雷声公司完成新型"密集阵"电子炮首次试验　美国雷声公司网站4月4日报道，雷声公司成功试验"密集阵近程武器系统"的新型电子炮，此次升级使得士兵和水手可以多种速率开火，使用较少量的弹药。"密集阵"（Phalanx）是由计算机控制的雷达与20毫米速射火炮系统，可自动识别、跟踪和摧毁渗入各个防御系统的敌方威胁。世界海军建造或者部署了大约890多个系统。

美国远程反舰导弹开展投放飞行试验　美国ASD新闻网站4月4日报道，美国海军于近日在帕图森特河海军航空站，从F/A–18E/F"超级大黄蜂"上进行远程反舰导弹的投放试验。这是首次从该型战机上投放远程反舰导弹，检验了导弹的空气动力分离模式，为年中在中国湖海军航空武器站开展的系留集成试验奠定了基础。

美国"美国"号两栖攻击舰完成全舰生存性试验　美国海军技术网站4月6日报道，美国海军"美国"号两栖攻击舰在加利福尼亚州海岸完成全舰生存性试验。试验为期4天，在火、烟、停电、水淹、管道断裂和结构破坏等模拟的损害控制想定下，评估舰船承受和控制损害的能力、对人员伤亡的响应能力以及恢复和继续执行任务的能力。1600余人参加了这次试验。

韩国试验新型"玄武"-2弹道导弹 美国国防更新网站4月6日报道，根据韩国国防部消息，韩国成功测试发射新型"玄武"-2B弹道导弹，射程500~800千米，可覆盖整个朝鲜。韩国此前因遵守《导弹技术控制制度》（MTCR）的限制条例，而研发"玄武"-2短程弹道导弹，现在更加先进的版本可能会突破这些限制。导弹的精度约为30米（CEP），配置集束弹药弹头。

美国空军有人—无人编队演示验证试验取得里程碑式发展 美国国防更新网4月10日报道，美国空军和洛克希德·马丁公司旗下"臭鼬"工厂已经完成一系列飞行试验，演示验证了有人—无人驾驶战斗机编队参加模拟作战行动的能力。在飞行试验中，一架F-16战斗机充当了无人战斗机（UCAV）代理，在执行空地打击任务过程中自主响应不断变化的威胁环境。

美国空军试验新型"捕食者"雷达预警接收器 美国国防系统网站4月11日报道，通用原子航空系统公司通过"捕食者"无人机试验了用于应对新一代敌人防空系统的新型机载雷达预警接收器试验在通用原子航空系统公司位于加利福尼亚州棕榈谷附近的设施内进行，目的是评估飞机在新的高威胁环境中的操作性能，验证雷达预警接收器满足或者超越空中和地面雷达威胁的当前阈值的性能。

美国空军利用F-16战机完成B61-12重力核弹首次飞行试验 美国空军研究实验室网站4月13报道，3月14日，就在全世界聚焦美国在首次实战中向阿富汗东部"伊斯兰国"投下"炸弹之母"（GBU-43/B大型空爆炸弹）这一重磅消息之时，美国国家核安全局宣布成功完成B61核弹现代化版本B61-12重力核弹的首次飞行试验。

附录

美国诺斯罗普·格鲁曼公司在 RQ-4 无人机上试飞 MS-177 多光谱传感器 美国空间战网站 4 月 13 日报道，联合技术航空系统公司研制的新型 MS-177 远程、多光谱成像（MSI）传感器在诺斯罗普·格鲁曼公司 RQ-4B "全球鹰"无人机系统（UAS）上完成首次飞行试验。试验于 2 月 8 日在诺斯罗普·格鲁曼公司位于加利福尼亚州的帕姆代尔工厂进行，将一直持续到 6 月。这次试验是 MS-177 传感器首次与高空远程自主飞机集成，试验表明 MS-177 的成像能力在覆盖范围、质量和精准度方面都达到了全新水准。

美国海军 MQ-8C "火力侦察兵"无人机首次完成舰上试验 美国无人机视野网站 4 月 16 日报道，4 月 5 日，美国海军 MQ-8C "火力侦察兵"无人机从位于加利福尼亚海岸的"独立级"近海战斗舰"蒙哥马利"号上起飞，开展第二阶段动态接口试验，再次验证舰上操控 MQ-8C 无人机的稳定性与安全性。

美国空军核武器中心支持"民兵"-3 洲际弹道导弹发射试验 美国空军研究实验室 4 月 17 日报道，美国空军核武器中心（AFNWC）的一个专家小组向美国空军 2 月举行的一次非武装洲际弹道导弹发射试验提供了支持。本次试验旨在验证导弹的准确性和可靠性，提供有价值的数据以确保安全有效的长期核威慑。

印度首次成功试射"布拉莫斯"海射对陆攻击型巡航导弹 美国导弹威胁网站 4 月 24 日报道，印度海军于 4 月 21 日首次试射了"布拉莫斯"海射对陆攻击型两级超声速巡航导弹。该型"布拉莫斯"导弹是从印度海军位于安达曼·尼科巴群岛海岸的"泰格"级护卫舰上发射的。印度海军发言人表示，该"布拉莫斯"海射对陆攻击型导弹的射程为 290 千米，速度最高可达马赫数 2.8。他认为，该型导弹可使印度舰船具有精确打击内陆甄选目标的能力。

美国空军成功试射"民兵"-3 洲际弹道导弹 美国防务世界网站 4 月 26 日报道，4 月 26 日 0 时 03 分，美国空军在加利福尼亚范登堡空军基地成功发射了一枚"民兵"-3 洲际弹道导弹，并将其称为核威慑能力的展示。"民兵"-3 导弹配备非爆炸飞行数据有效载荷，命中了约 6759 千米外的太平洋马绍尔群岛夸贾林环礁上的预定目标。该导弹由美国空军第 30 太空联队监督发射。

5 月

美国海军试验首套航空母舰无人机控制系统 美国防务系统网站 5 月 2 日报道，美国海军 4 月 11 日试验"航空母舰无人航空任务控制系统"（UMCS），旨在评估其软件兼容性、数据通信能力及电子光学相机，用于舰载无人机未来加油及侦察作战。美国海军空中系统司令部（NAVAIR）发表声明称，此次评估重点关注 UMCS 系统硬件及软件集成进航空母舰现有网络的能力。

美国洛克希德·马丁公司连续五次成功完成战术导弹系统飞行试验 美国陆军技术网站 5 月 2 日报道，洛克希德·马丁公司成功完成了经现代化改造的战术导弹系统（TACMS）的第五次飞行试验。该导弹系统是为美国陆军研制。此次试验在美国新墨西哥州白沙导弹靶场举行。试验证实了导弹可按设计方案运行，并符合工程与制造开发项目的性能要求。试验中，远程战术面面导弹从一个高机动火箭炮系统向 85 千米之外的目标进行发射。

印度陆军成功试射"布拉莫斯"对陆攻击型巡航导弹 俄罗斯新闻社 5 月 2 日报道，随着印度西部边境地区的紧张关系加剧，印度陆军在安达曼—尼科巴群岛成功地试射了一枚增程型"布拉莫斯"对陆攻击巡航导弹。陆军官员表示,该"布拉莫斯"Block-Ⅲ超声速巡航导弹从一台机动自主发射架上发射,在最高攻击配置下精确地击中了目标。

美国矢量公司成功试射"矢量"-R小型运载火箭全尺寸原型　美国航天新闻网、澳大利亚每日航天网站5月3日报道,美国东部时间5月3日下午3时左右,小卫星发射企业矢量公司成功试射了"矢量"-R运载火箭的P-19H工程模型。P-19H工程模型从加州莫哈韦沙漠的发射台起飞,进行了低空飞行试验。此次成功试射不仅为公司运载火箭的快速机动研发设定了标准,而且进一步推动了改革航天工业和加快入轨速度的任务。

印度连续成功试射"布拉莫斯"BlockⅢ对陆攻击巡航导弹　法国航宇防务网站5月4日报道,印度西南军区司令部"第一打击"军于2017年5月3日连续第二天成功地在安达曼·尼科巴群岛发射了先进的"布拉莫斯"BlockⅢ对陆攻击巡航导弹。印度在此前一天即5月2日从同一地点成功试射了该型远程战术武器。

印度成功试射"烈火"-2中程弹道导弹　俄罗斯新闻社网站5月4日报道,印度陆军战略力量指挥部于5月4日成功地试射了具有核打击能力的中程弹道导弹"烈火"-2。印度在此前两天,即5月2日和3日刚刚连续成功试射"布拉莫斯"BlockⅢ对陆攻击型巡航导弹。

美国MQ-9"死神"无人机首次试验GBU-38 JDAM炸弹　美国合众国际新闻社5月8日报道,MQ-9"死神"无人机首次实弹投放了CBU-38联合直接攻击武器(JDAM)。试验由第432航空远征联队和第26武器联队(26th Weapons Wing)在内利斯空军基地进行。第26武器联队的武器教官飞行员(Weapons Instructor Pilot)斯科特上校表示,在训练中他们有一个很好的时机投放GBU-38炸弹,他们已经研究GBU-38炸弹很多年,如今终于有机会进行首次投放试验。

朝鲜成功试射新型弹道导弹"火星"-12　外网5月15日综合报道，朝鲜于5月14日成功试射一枚"火星"-12弹道导弹。此次试射的"火星"-12导弹飞行高度达到2111.5千米，飞行距离为787千米。导弹飞行30分钟后坠入距离俄罗斯海岸附近的日本海。此次试射验证了最新研制的弹道式火箭的战术与技术规格。此外，"火星"-12可搭载一枚大尺寸重型核弹头。

美国"地基中段防御"系统首次成功完成洲际弹道导弹目标实弹拦截试验　外媒网站综合报道，美国导弹防御局（MDA）联合美国空军第30太空联队、一体化导弹防御联合职能司令部于5月30日对美国弹道导弹防御体系的"地基中段防御"（GMD）系统开展试验并成功拦截一枚洲际弹道导弹目标。

6月

印度第二艘"鲉鱼"级潜艇进行海试　英国简氏防务周刊6月5日报道，6月1日，印度第二艘"鲉鱼"级柴电动力攻击型潜艇"坎德里"开始海上试航。据悉，法国DCNS集团共为印度生产六艘"鲉鱼"潜艇。印度造船公司马自达船厂发布的官方声明指出，这艘名为"坎德里"的潜艇于6月1日从孟买港驶出，进行海上试航。这是针对推进装置的首个重大试验，也是建造项目一个里程碑事件。

印度成功试射自行研制的"大地"-2短程弹道导弹　英国简氏防务周刊6月5日报道，6月2日，印度在位于东海岸昌迪普尔的综合试验靶场成功试射了自主研发的"大地"-2短程弹道导弹。印度官员表示，这枚具有核能力的地地导弹是在国家战略部队司令部牵头的一次训练演习中完成发射的。该枚导弹是从生产库存中随机挑选，并通过移动发射装置发射。据悉,"大地"-2 导弹的最大射程为 350 千米。

俄罗斯声称高超声速导弹试验取得成功　美国导弹威胁网站 6 月 6 日报道,6 月 3 日俄罗斯宣布其成功试射"锆石"超声速导弹。据悉,该导弹时速达 7400 千米/小时(马赫数 6),具备对抗西方国家导弹防御系统的能力,可淘汰西方国家的防御系统,如英国"威尔士亲王"号与"伊丽莎白女王"号航空母舰使用的反导系统。据俄罗斯官方媒体"卫星"新闻通讯社报道称,"锆石"导弹可以安装在"彼得大帝"号核动力巡洋舰上。

俄罗斯第二艘"戈尔什科夫海军上将"级护卫舰在海试前测试发动机　美国今日海军网站 6 月 6 日报道,俄罗斯海军第二艘"戈尔什科夫海军上将"级护卫舰(即 22350 型隐身护卫舰)"卡萨托诺夫海军上将"号将于今年 6 月底完成机舱测试,11 月开展海试。该级护卫舰由俄罗斯北方设计局设计,主要用于在远洋和近海水域执行作战任务,舰长 130 米,续航能力超过 4000 海里,排水量 5000 吨,将装备反潜和反舰导弹,一门 130 毫米舰炮和一架直升机。

印度 GSLV – Mark Ⅲ 运载火箭成功执行首次轨道发射　美国航天日报网站 6 月 6 日报道,印度当地时间 6 月 5 日 11 时 58 分,印度用"地球同步卫星运载火箭"GSLV – Mark Ⅲ 从斯里赫里戈达岛发射通信卫星 GSAT – 19,卫星的目标轨道是近地点 170 千米、远地点 35975 千米、倾角 21.5°的地球同步转移轨道。本次任务是 GSLV – Mark Ⅲ 火箭的第二次飞行,但却是首次轨道飞行,标志着印度已进入能将重达 4 吨卫星送入太空的"重型运载火箭俱乐部",具备这种能力的国家还有美国、俄罗斯、欧洲、中国和日本。

英国 BAE 系统公司"先进鹰"概念验证机首飞试验成功　英国 BAE 系统公司等网站 6 月 7 日报道,当日,BAE 系统公司"鹰"式教练机新型号概念验证机在该公司兰开夏郡的军用机厂完成首次试飞。

澳大利亚皇家空军 P-8A"海神"反潜巡逻机完成首次海外部署　法国航宇防务网站 6 月 7 日报道，澳大利亚皇家空军一架 P-8A"海神"反潜巡逻机部署马来西亚皇家空军基地巴特沃斯，完成其首次海外部署。此次海外部署是"门户行动"的一部分，不仅为 P-8A 反潜巡逻机开展作战试验鉴定提供支持，也是在未来 12 个月里宣布其具备初始作战能力的一个重要里程碑。

日本组装的首架 F-35 战斗机完成首飞试验　美国防务世界网站 6 月 14 日报道，由日本组装的首架 F-35 战斗机于 6 月 13 日在位于爱知县的名古屋机场进行了首次飞行试验。此次试验历时近 2 个小时，主要用于检验飞机在飞行过程中的各项表现。初步结果显示，飞机各项功能运转正常。接下来，这架 F-35 战斗机还将在日本进行多次飞行试验，随后即远赴美国进行飞行训练。

美国陆军"阿帕奇"直升机试验高能激光器　美国防务新闻网站 6 月 26 日报道，美国雷声公司与美国陆军"阿帕奇"项目管理办公室、美国特种作战司令部当日在白沙导弹靶场联合进行 AH-64A"阿帕奇"武装直升机机载高能激光系统试验。此次试验是首次在旋转翼飞机上应用全面集成的激光系统。

韩国试射新型"玄武"-2 弹道导弹　美国陆军技术网站 6 月 27 日报道，隶属韩国国防部的国防发展局于 6 月 23 日在忠清南道泰安郡的试验场试射了新型"玄武"-2 弹道导弹。试验中，导弹在飞行预定的距离后，准确命中了目标。截至目前，该型弹道导弹已进行了 4 次试射，预计再经过 2 次试射后，将可用于作战。新型"玄武"-2 弹道导弹由韩国国防发展局自主研制，射程达 800 千米，是韩国杀伤链武器系统的一部分。

俄罗斯海军成功试射"布拉瓦"洲际弹道导弹　美国全球安全网站 6

月 28 日报道，6 月 26 日俄罗斯海军"北风之神"级核潜艇（955 型）"尤里·多尔戈鲁基"号近日在挪威附近的巴伦支海成功试射"布拉瓦"洲际弹道导弹，导弹命中位于堪察加半岛库拉导弹试验靶场的目标。俄罗斯国防部称根据作战训练计划，导弹是从水下发射。监控数据显示，导弹完成了整个飞行周期，并成功命中指定目标。

美国 SpaceX 公司"猎鹰"9 火箭进行静态点火试验　美国飞行现在时网站 6 月 29 日报道，SpaceX 公司在肯尼迪航天中心 39A 发射台对一枚"猎鹰"9 火箭进行了静态点火试验，为其执行 Intelsat 35e 通信卫星发射任务做准备。Intelsat 35c 通信卫星是一颗高通量地球同步通信卫星，重约 6000 千克，将为美洲、欧洲和非洲的部分地区提供通信服务。

美国陆军和空军开展联合演练试验新型 AC－13OJ 炮艇机　法国航宇防务网站 6 月 29 日报道，6 月 6 日，美国陆军和空军在最新型空中武装直升机支持下进行了空中突袭演练，旨在验证 AC－130J 炮艇机与"阿帕奇"直升机在城市环境下支持排级作战的能力，并且在演练中建立的这种联合作战关系也将在未来的联合训练和海外作战中发挥作用。

7 月

法国首次成功试射"海毒液"直升机机载反舰导弹　美国防务新闻网站 7 月 5 日报道，法国国防部表示，法国已于 6 月 21 日首次成功试射"海毒液/ANL"直升机机载反舰导弹。法国国防部在 7 月 4 日的声明中称，这是"海毒液/ANL"在法国武器装备总署地中海导弹试验中心进行的首次发展试射。

以色列空军 C－130H 完成首次飞行试验　ASD 网站 7 月 13 日报道，近日，埃尔比特系统公司升级的 C－130H"大力神"运输机完成首次飞行试验。试验对飞机及其系统性能在多种操作模式、各种飞行高度和飞行条件下的飞行状态进行了全天候试验。飞行中，实时视频显示在平视显示器上，通过二维和三维标识呈现了真实状态下的飞行和导航数据，增强了退化的目视着陆应用功能和头部跟踪功能。

美国"硫磺石"导弹在"台风"战斗机上成功完成首次实弹试射　英国BAE系统公司网站7月14日报道，作为持续开展的研发工作的一部分，由欧洲导弹防御集团研制的"硫磺石"导弹从一架"台风"战斗机上成功完成了首次实弹试射，这将极大提升该型战斗机的作战能力。此次试验是"台风"战斗机"第三阶段增强包"（P3E）集成工作的一部分。

美国海军"福特"号航空母舰首次完成舰载机电磁弹射和拦阻着舰试验　法国航宇防务网站7月31日报道，美国海军新型航空母舰"杰拉德·福特"号于7月28日在弗吉尼亚海岸首次完成固定翼飞机的电磁弹射和拦阻着舰试验。此次试验距"杰拉德·福特"号航空母舰服役时间（7月22日）不满一周。

美国波音公司完成KC–46加油机电磁脉冲试验　美国波音公司网站7月27日报道，由美国波音公司、美国空军和海军航空系统司令部组成的联合小组于近日完成KC–46加油机的电磁试验，评估了飞机在雷达、无线电塔和其他系统产生的电磁场中安全作业的能力。此次试验在帕图森特河海军航空站的电磁脉冲与电磁辐射设施平台和爱德华空军基地的贝内费尔德消声设施中进行，试验飞机为KC–46项目中的第2架低速率初始生产飞机。

8月

美国海军进行首次舰载机海上弹射试验　美国海军技术8月14日报道，

美国海军成功进行首次舰载机海上弹射试验,并在新服役的"福特"号航空母舰上进行了恢复测试。试验使用通用原子电磁弹射系统和先进的制动系统。试验中 F/A-18F"超级大黄蜂"战斗机成功弹射起飞,通用原子公司称这是一个具有里程碑意义的事件。电磁弹射系统和先进的制动系统将继续在新泽西州 McGuire-Dix-Lakehurst 联合基地进行陆基试验,以支持所有飞机型号的发射和恢复,以及福特级空气翼模型的设计。

美国空军研究试验室进行无人机高效发动机测试 法国航宇防务网站 8 月 17 日报道,美国空军研究实验室先进力量技术办公室联合工程推进系统公司和阿诺德工程与发展中心近日进行了先进柴油发动机地面试验,以提高军用飞机效能,减轻飞行任务的后勤负担。高效新型航空柴油发动机有望替代有人和无人飞机目前使用的内燃机。它使用液体冷却,采用复合或铝制的螺旋桨。

美军"波特兰"号运输舰提前完成海试 新新互联网 8 月 23 日报道,亨廷顿英格尔斯工业公司建造的"圣安东尼奥"级两栖运输舰"波特兰"号在美国海军检查与调查委员会的监督指导下完成一系列海上验收试验,检验了舰船能力。期间进行了包括抛锚、转向、探测与交战、压载/卸压载在内的近 200 个测试项。英格尔斯造船厂项目经理表示,该舰原计划于今年秋季交付海军,由于海试提前完成,交付时间也将提前。

以色列空军 F-35I 战斗机进行加油试验 美国空军技术网站 8 月 22 日报道,以色列空军 F-35Ⅰ"Adir"战斗机近日在特尔诺夫空军基地进行了一系列空中加油试验。作为隐身战斗机集成项目的一部分,空中加油试验与来自以色列 Nevatim 空军基地的"绿巨人"中队合作,由以色列空军飞行试验中队具体实施。试验期间,对战斗机和加油机的飞行品质和专业分工进行了全天候评估。

美军"科罗纳多"号近海战斗舰试射"鱼叉"Block Ⅰ C 型反舰导弹 美国海军技术网站 8 月 23 日报道，8 月 22 日，美国海军第二艘"独立"级近海战斗舰"科罗纳多"号在海外部署期间，于关岛附近海域发射一枚 RGM-84D"鱼叉"Block Ⅰ C 型反舰导弹，命中了一个超视距水面目标，验证了近海战斗舰的潜在打击能力。此次试验是美国海军首次利用无人机为从近海战斗舰上发射的导弹提供超视距目标信息和毁伤情况评估。

美国空军 F-35 Block 3F 软件完成新一轮武器投放精度试验 美国空军技术网站 8 月 23 日报道，近日，F-35A 和 F-35C"闪电"Ⅱ型联合攻击机借助 Block 3F 软件完成新一轮武器投放精度试验。此次试验是 Block 3F 软件系统开发验证阶段的结束，也是在 F-35 联合攻击机上研制试验的结束，对实现空军 F-35A 和海军 F-35C 初始作战能力极为重要。下一步，在完成预期的另一轮 F-35B 武器投放精度试验后，Block 3F 软件将完成在 F-35 联合攻击机三种型号上的投放精度试验，向实现初始作战能力更进一步。

9 月

印度完成"纳格"反坦克导弹研制试验 美国陆军技术网站 9 月 11 日报道，印度国防研究与发展组织于 9 月 8 日在拉贾斯坦邦沙漠靶场完成两次"纳格"反坦克导弹飞行试验。试验中，两枚"纳格"导弹从"纳格"导弹运载车发射，并以极高精度命中两个处于不同距离和状态的目标。印度国防部称，成功的飞行试验表明，"纳格"导弹与其发射装置系统的全部功能已实现，标志着导弹研制试验已顺利完成。

俄罗斯试射"亚尔斯"洲际弹道导弹 俄罗斯新闻社网站 9 月 12 日报

道，俄罗斯战略火箭兵于当日在莫斯科北部的普列谢茨克航天发射中心，试射了一枚井射型 RS-24"亚尔斯"固体燃料洲际弹道导弹，导弹配有多个分导弹头。此次发射的目的是检验该型号同批次导弹的可靠性。俄罗斯国防部表示，试验弹头准确命中位于堪察加半岛库拉靶场的指定区域目标，完成了所有任务，达到了试验目的。

印度"阿斯特拉"导弹完成研制试验 法国航宇防务网站 9 月 18 日报道，9 月 11 日—14 日，在奥迪萨邦昌迪普尔综合试验场，印度自主研制的"阿斯特拉"超视距空空导弹在其空军的一架苏-30MKI 战斗机上完成最后的研制飞行试验，标志着其武器系统的研制阶段工作顺利结束。此次试验包括远距离打击目标、中等距离打击高机动目标、齐射多枚导弹打击多个目标等内容。

美国"爱国者"先进能力-3（PAC-3）导弹分段增强型（MSE）在远程发射装置试验成功 美国洛克希德·马丁公司网站 9 月 21 日报道，9 月 16 日，在马绍尔群岛夸贾林环礁的里根试验场，洛克希德·马丁公司研制的"爱国者"先进能力-3 导弹分段增强型拦截弹成功拦截一枚战术弹道导弹靶弹，这是 PAC-3 导弹分段增强型首次从远程发射装置进行试验。

美国陆军测试"先进试验高能资产"激光武器系统 美国陆军技术网站 9 月 21 日报道，美国陆军空间与导弹防御司令部于近期在新墨西哥州的白沙导弹靶场对"先进试验高能资产"（称"雅典娜"）系统样机进行了测试，验证了"雅典娜"激光武器系统应对无人机威胁的关键杀伤能力。测试期间，配备传感器、软件和专业光学系统的 30 千瓦"雅典娜"激光武器系统样机，利用先进的波束控制技术和光纤激光器对 5 架翼展为 3.3 米的"放逐者"无人机系统实施攻击。

10 月

美国波音公司和美国空军试验小组首次完成一架 KC-46 加油机向另一架 KC-46 加油机补给燃料　美国波音公司网站 10 月 12 日报道,10 月 11 日在位于西雅图南部的波音试验场,两架 KC-46 加油机相互间进行了加油,每分钟的最大加油速度约 4542 升。4 个小时的飞行中,油量传输共计约 17281 千克。此次里程碑式的飞行补给有助于下一阶段认证试验和规范符合性试验的开展。截至目前,试验用 KC-46 加油机已完成 2000 飞行小时,对 F-16、F/A-18、AV-8B、C-17、A-10 和 KC-10 实施了 1300 余次加油。

美国洛克希德·马丁公司陆军战术导弹系统完成飞行试验　美国洛克希德·马丁公司网站 10 月 11 日报道,洛克希德·马丁公司和美国陆军精确火力、火箭与导弹系统项目管理办公室联合在白沙导弹靶场再次成功进行现代化陆军战术导弹系统飞行试验,并完成所有试验内容。试验中,陆军战术导弹系统从高机动火箭炮系统发射装置发射,飞行了近 140 千米,在目标区域验证了近距离传感器的定炸高起爆能力。

美国陆军测试一体化作战指挥系统　美国陆军技术网站 10 月 10 日报道,美国诺斯罗普·格鲁曼公司研发的一体化防空反导作战指挥系统在位于布利斯堡的 Tobin Wells 完成了一次重要的研制试验。此次测试由美国陆军士兵实施,在为期 3 周的士兵检验测试中,一体化作战指挥系统作为通用的指挥控制系统用于营连级作战。

美国海军宣布海岸战场侦察与分析水雷探测系统具备作战能力　美国海军学会网站 10 月 11 日报道,海军一架装备 AN/DVS-1 海岸战场侦察与分析机载水雷探测系统的 MQ-8B 无人机在埃格林空军基地进行数据测试飞行，实现了初始作战能力。

11 月

英国"台风"战斗机进行"硫磺石"空地导弹发射试验　法国航宇防务网站11月3日报道，英国BAE公司、空中客车等几家欧洲公司联合进行了"台风"战斗机发射"硫磺石"空地导弹试验。试验中，"台风"战斗机在不同高度、速度、加速度等情况下，从飞机多个位置发射了9枚"硫磺石"导弹，并且进行了9次炸弹投掷试验。此次试验，是英国"台风"战斗机"白人队长"计划第3阶段的一部分。

美国空军组建第96网络空间试验大队　美国空军内情网站11月3日报道，美国空军表示将于今年12月在其第96试验联队内新建第96网络空间试验大队，旨在单一指挥结构下负责网络空间的试验工作。第96网络空间试验大队将由来自美国的几个现有试验部队组成，今后5年内产生50个新职位，下设3个中队和1个业务与后勤部门；该业务与后勤部门设在佛罗里达州的埃格林空军基地，负责计划管理、预算与财务、后勤、安全以及信息技术工作。

印度试验新型"智能反机场武器"　法国航宇防务网站11月7日报道，印度国防研究与发展组织在奥迪萨邦昌迪普尔综合试验场试验了新型"智能反机场武器"。试验共进行了3次，轻型智能炸弹在不同条件和不同距离下都精确命中目标。期间，炸弹最大飞行距离超过了70千米。印度此次试验的新型"智能反机场武器"，是印度本土研发主要针对地面目标的远程精确制导炸弹，可以搭载在印度"美洲虎"攻击机、苏–30MKI等前线作战飞机上，最大射程到达100千米。印度国防研究与发展组织通用导弹与战略系统分部负责人表示，印度军队加快该武器的部署，该武器将很快服役。

印度第 5 次试验"无畏"亚声速巡航导弹　印度国防研究与发展组织 11 月 7 日宣布,"无畏"巡航导弹在昌迪普尔综合试验场成功进行了第 5 次发射试验。试验中,导弹按预定路径进行了飞行,并落在了预定目标位置。"无畏"巡航导弹最大射程 1000 千米,载荷重约 300 千克,采用惯性制导方法。印度 2010 年批准了"无畏"巡航导弹研发项目,并分别于 2013 年 3 月、2014 年 10 月、2015 年 10 月、2016 年 12 月进行过试射。此次试验的成功将促使印度加快该导弹的部署进程。

印度将于 2018 年部署一艘远洋测量船　英国简氏防务周刊网站 11 月 23 日报道,印度将于 2018 年部署一艘导弹跟踪海洋监视船,以支持印度的战略武器项目、弹道导弹防御项目等武器装备计划。该船编号为 VC11184,船长约 175 米,最大排水量超过 1 万吨,最大速度 21 节,装备有 3 台 1200 千瓦发电机,主雷达是 X 波段主动电扫描阵列雷达,辅助雷达是 S 波段主动电扫描阵列雷达,船员数量为 300 人,甲板上安装多部导弹跟踪天线,可停靠一架直升机。该船由印度国防部直属的印度造船厂建造,目前停靠在印度维萨卡帕特南港口,预计将在 2018 年上半年进行海试。

英国奎内蒂克公司建成一套新的先进激光技术试验设施　美国陆军技术网站 11 月 28 日报道,英国奎内蒂克公司建成了一套新的先进激光技术试验设施。奎内蒂克公司把该设施称为"龙"工作室,目前主要用于英国的激光定向能武器试验。该设施包括一个洁净室和反射危险评估工具,能够检测激光怎样从不同方向进行反射。接下来,该设施将对英国定向能激光武器的全尺寸高能激光进行测试评估。一旦评估和调整完成,激光源将与意大利 Leonardo 公司的光束定向器集成,并于 2018 年开展外场远距离试验。

12 月

美军 F-35 完成武器投放精度试验，将很快进入作战试验阶段 美国海军内情网站 12 月 4 日报道，美国海军第 461 飞行试验中队于 11 月底完成了海军型 F-35 的武器投放精度试验。等到此次试验的数据分析完成后，海军型 F-35 的系统开发与演示阶段的政府研制试验将全部完成。海军型 F-35 的武器投放精度试验分几次进行，2016 年夏季，在 30 天时间内进行了 31 次武器投放试验；2017 年 7 月、8 月和 10 月，海军型 F 35 完成了 20 多次武器投放试验，并于 11 月完成了最后的武器投放试验。接下米，海军型 F-35 将进行任务效能演示。一旦演示完成，海军型 F-35 将结束系统开发与演示验证阶段，进入部署阶段。在整个 11 月的试验中，海军型 F-35 完成了对空进攻任务效能试验、密闭空间保障试验，并将于 12 月中旬完成对空防御试验、对敌防空压制试验以及海上空域封锁试验。

美军 B-1B 轰炸机进行新型"远程反舰导弹"试验 美国海军航空系统司令部网站 12 月 12 日报道。12 月 8 日，美国空军 B-1B 轰炸机在加州穆古角试验场的海上试验区，进行了新型"远程反舰导弹"发射试验。试验中，飞机第一次针对多个海上目标，同时发射了两枚"远程反舰导弹"，导弹成功撞击靶船。此次试验的"远程反舰导弹"，其技术状态配置已经具有生产代表性。2017 年 7 月，美国空军与洛克希德·马丁公司签订了一份 8600 万美元的合同，采购第一批次 23 枚"远程反舰导弹"。预计到 2018 年，美国空军的 B-1B 轰炸机将携带"远程反舰导弹"具备初步作战能力；到 2019 年，美国海军的 F/A-18E/F 飞机将携带"远程反舰导弹"具备初步作战能力。

印度进行低空反导试验 印度快报 12 月 29 日报道，12 月 28 日印度进行了一次低空反导试验。靶弹为印度"大地"战术弹道导弹（射程150～300千米），从奥迪萨邦巴拉索尔地区的昌迪普尔综合试验场发射，并按预定弹道飞行；拦截弹为印度本土生产的"先进防空拦截弹"，从奥里萨邦位于孟加拉湾的阿卜杜勒·卡拉姆岛发射。拦截弹一开始以惯导和雷达导引方式飞行，最后目标锁定后，拦截弹以导引头自主搜寻方式导引，拦截发生在海面上方约15千米处，拦截时间约为当地时间上午9点45分，拦截弹以直接碰撞方式成功拦截靶弹。